目にやさしい大活字

EVERNOTE「超」仕事術

KURASHITA TADANORI
倉下忠憲

C&R研究所

はじめに

２０１０年６月23日に日本法人を立ち上げた「**Evernote**」。あまた存在するクラウド・サービスの中でも知名度はかなり高いものになってきました。「クラウド」という名前が普及すると共に日本でもその存在が知られ、徐々に知名度が上がってきていたところだったので、すでに名前をご存じの方もおられるでしょう。あるいは使い始めている方もおられるかもしれません。

しかし、「**Evernote** ってよくわからない」「どうやって使えばよいのか？」という話をよく耳にします。それは操作が難しいのではなく、どのような使い方があるのかが上手くイメージできないからのようです。

Evernoteには「決められた使い方」がありません。ユーザーの使いたいように使う事ができます。それがメリットでもあるわけですが、いざ使い始めたユーザーはその自由度の高さゆえに何から手を付けてよいのかがわかりにくい、という状況に陥ってしまいます。

本書はそういった方に向けて「Evernoteを仕事にどう活かすか」という視点からEvernoteの使い方を解説していきます。基本的な操作方法についてはいくつも解説されている本があるのでそちらを参考にしてください。

Evernoteは、大量の情報を扱うビジネスパーソンに最適のツールです。デジタル情報を一元管理できるだけでなく、スキャナなどを活用すれば紙の情報もあわせて一元管理する事ができます。データがサーバーに保存されるので、デバイスを選ばずにそのデータを閲覧する事ができます。これだけでも充分に強力なツールといえるでしょう。

情報を整理するための機能が柔軟性を持って作られているのでタスク管理に使う事もできます。毎月使える容量が更新される設計はデータベース作りにも向いています。

ＯＣＲ機能、ＧＰＳによる位置情報、共有ノートブックなど、機能を挙げればきりがありません。もちろん、これらを一気にマスターする必要はありません。まずは「**Evernote**にすべての情報を集める」という行為、そして、そこから得られる「安心感」を体験してみてください。

Evernoteは決して万能なツールではありません。**Evernote**を使えばいきなり「デキるビジネスパーソン」になる事もありません。しかし、多すぎる情報や仕事に囲まれて窮屈な思いをしている人にとって1つの最適解となるでしょう。眠っている情報、抑えつけられている思考力を解放させるための補助脳が**Evernote**というツールの真価です。

Evernoteを使いこなす事で、今までとは違った次元で情報を扱う事ができるようになるはずです。ただし、情報を蓄積していかなければその効果は発揮されません。まず始めてみる事が肝心です。

梅棹忠夫氏はその著書「知的生産の技術」の中で次のように語っています。

知的生産の技術について、一番肝心な点はなにかといえば、おそらくは、それについて、いろいろとかんがえてみる事、そして、それを実行してみる事だろう。

本書が**Evernote**について「いろいろかんがえてみる事」のきっかけに、そして「それを実行してみる事」の手助けになれば、著者としては望外の喜びです。

倉下忠憲

2010年7月

CONTENTS

目次

CHAPTER 2
「知のデータベース」になんでも詰め込もう

CHAPTER 3

「知のデータベース」から縦横無尽に情報を引き出そう

CHAPTER 4

ストレスフリーのタスク管理

CHAPTER 5 「自分専用データベース」で人脈管理

CHAPTER 6
「共有ノートブック」でコラボレーション

APPENDIX

Evernoteのスタートアップ

CHAPTER

1

あなたの仕事力はEvernoteで「超」加速する

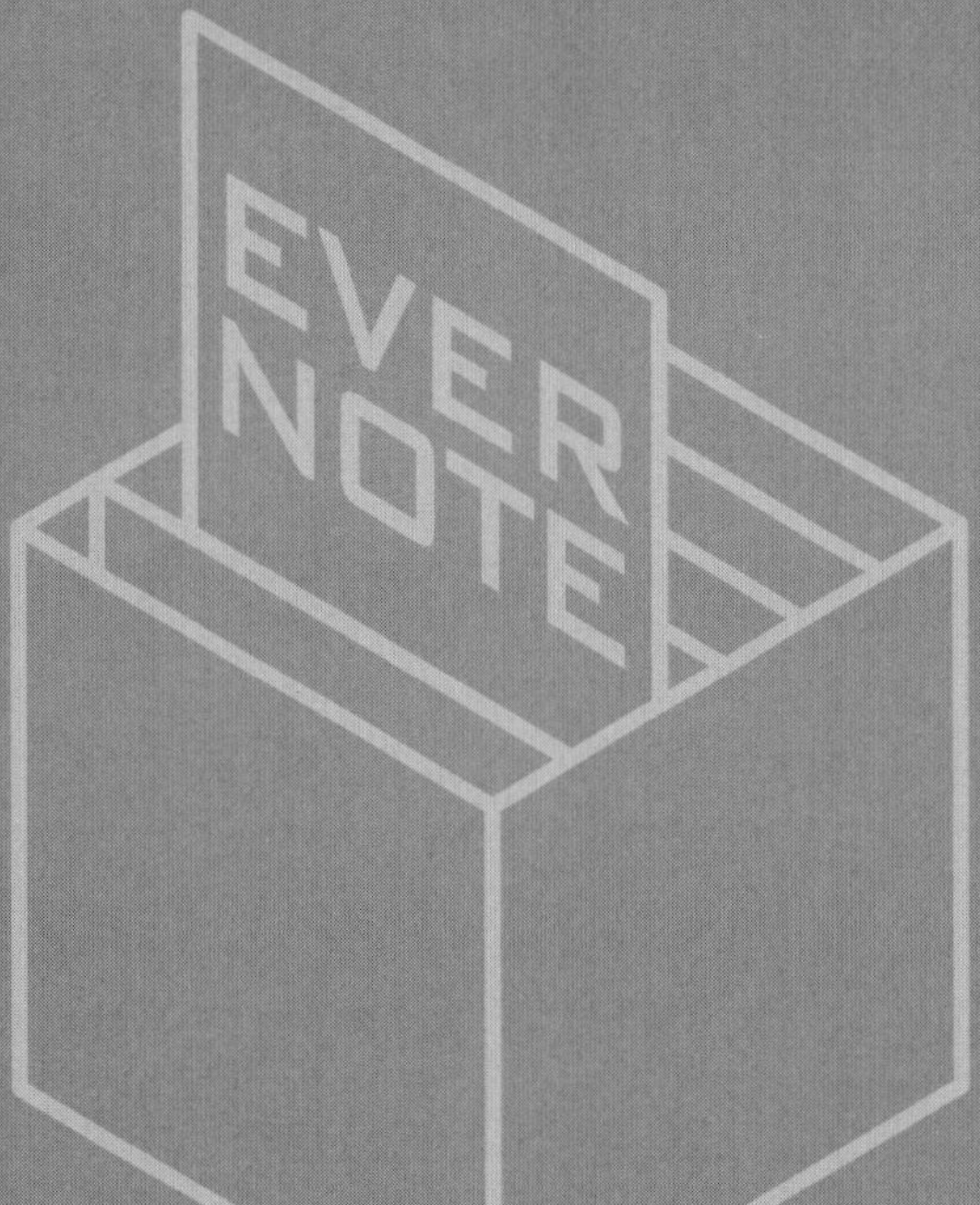

01 大量の情報に埋もれるあなたをEvernoteが救ってくれる！

みなさんは、このような事で困っていないでしょうか。

- 必要な書類がすぐに見付けられない
- 書類が多すぎて、机の上が整理できない
- よいアイデアが浮かんでいたが、忘れてしまった
- 気に入ったウェブページを「お気に入り」に登録するけれども活用できていない
- 探している名刺がどこにあるのかわからない

現代の高度情報化社会ではこのような状況は珍しくありません。扱う情報があまりにも多すぎて、どこに何があるのかが把握しきれていない人も多いことでしょう。そんな状況を打破できる画期的なツールが**Evernote**なのです。

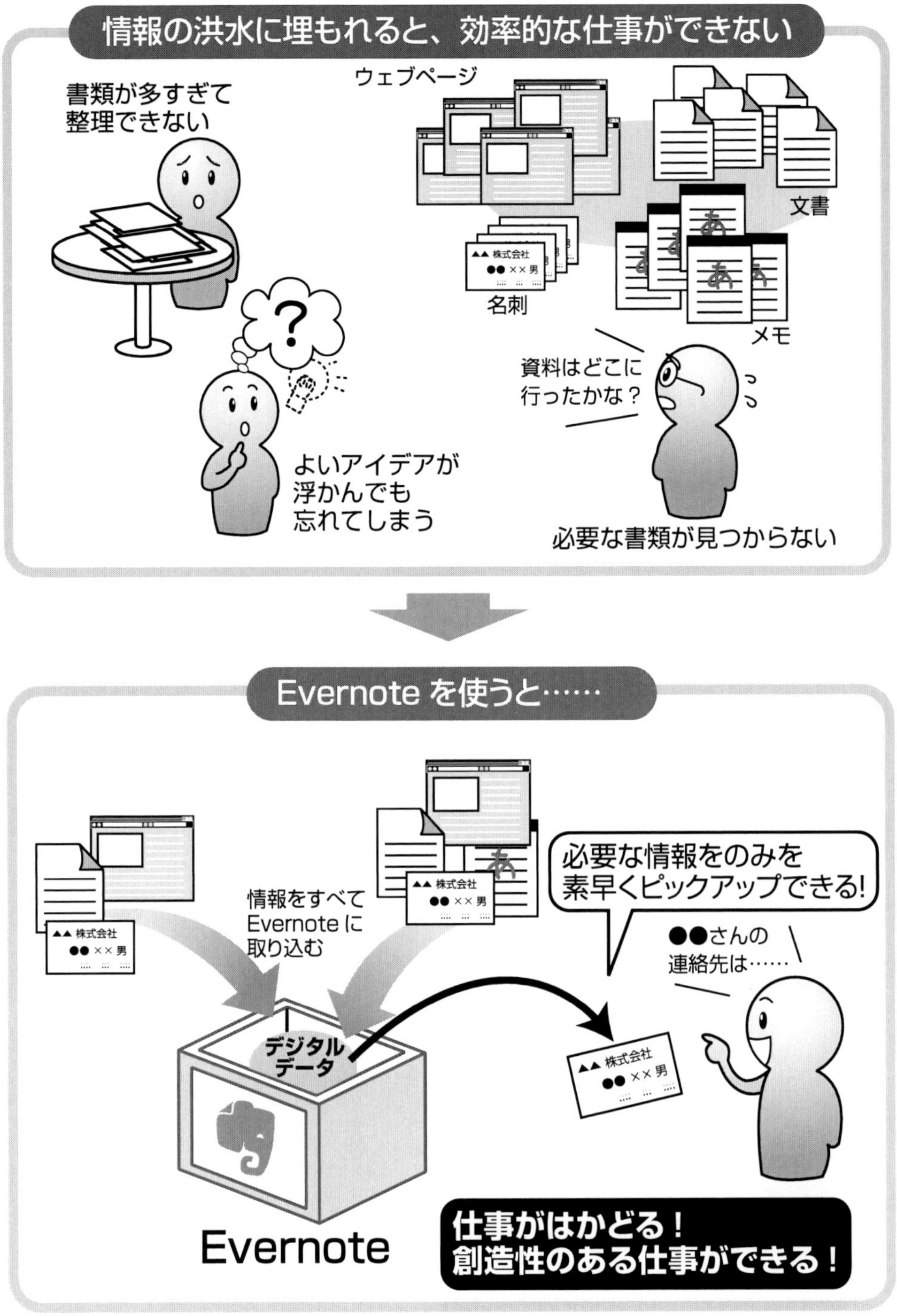
情報の洪水に埋もれると、効率的な仕事ができない
書類が多すぎて
整理できない
ウェブページ
文書
▲▲ 株式会社
●● ×× 男
名刺
メモ
資料はどこに
行ったかな？
よいアイデアが
浮かんでも
忘れてしまう
必要な書類が見つからない
Evernote を使うと……
▲▲ 株式会社
●● ×× 男
情報をすべて
Evernote に
取り込む
必要な情報をのみを
素早くピックアップできる！
●●さんの
連絡先は……
デジタル
データ
Evernote
仕事がはかどる！
創造性のある仕事ができる！

「Evernote」とは何なのか?

情報に埋もれるあなたを救ってくれる「**Evernote**」とは、いったい何なのでしょう。

「**Evernote**」は、**Evernote**社が提供しているオンラインサービスです。**Evernote**社のサイト(**http://www.evernote.com/**)でアカウントを取得(無料)すると、同社のサーバーに用意された自分専用の保存領域に自由にデータを保管できるようになります。

保存領域にアクセスするためには専用ソフトを使用し、インターネットに接続している状態でそのソフトにデータを保存すると、自動的に、サーバー内の自分用の領域にデータがアップロードされる仕組みになっています。

● Evernoteの公式サイト

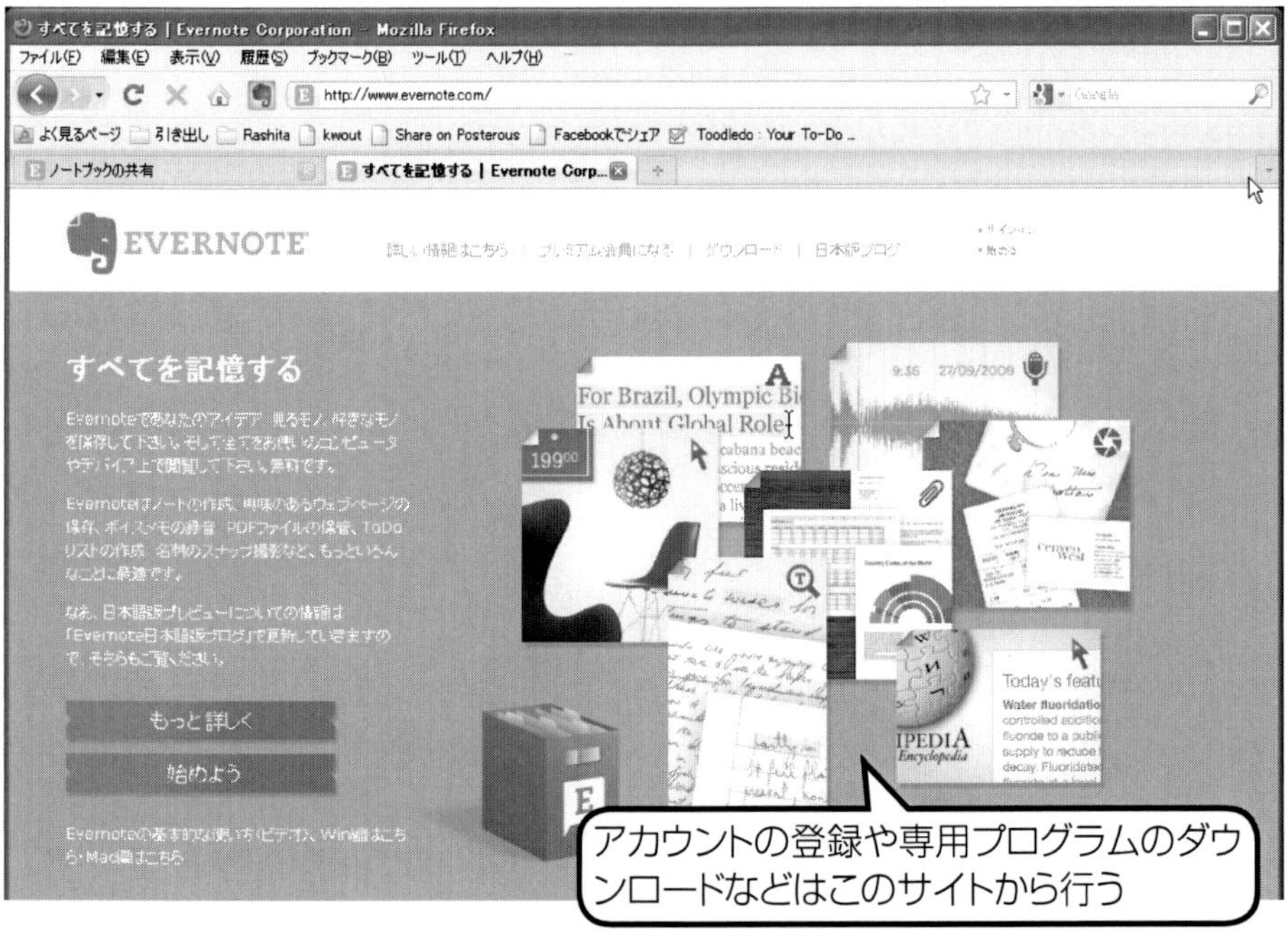

Evernoteとは

それぞれの機種のEvernoteをインストールすれば、異なる機種でもデータをやりとりできる。しかも、保存したデータにはキーワードを付けて管理できるので、データの検索が簡単。

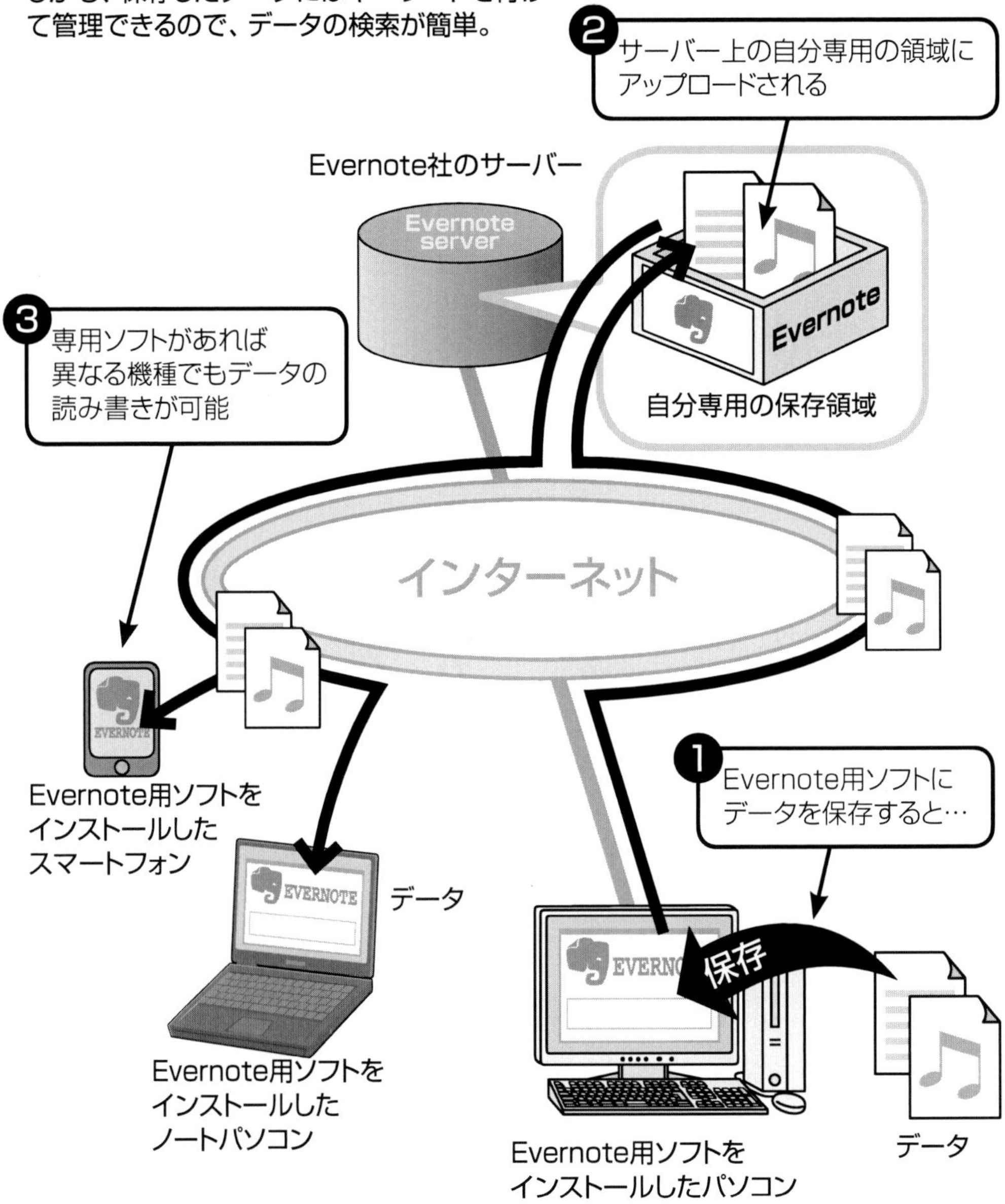

Evernoteには、次のような特長があります。

- パソコン用やスマートフォン用など機種ごとに専用ソフトが用意されており、利用する機種を選ばずに利用できる
- 保存したデータはインターネット上にあるので、膨大なデータそのものをパソコンとスマートフォン間で移動したり、持ち歩いたりする必要がない
- どこから、どの機種でEvernoteを利用しても、サーバー内のデータと自動的に同期される
- あらゆる形式の膨大な量のデータを保存でき、すべてのデータに「タグ」というキーワードを付けておけるので、簡単にデータの整理や検索ができる

ここまでの説明だけでは、単なるインターネット上のレンタルサーバーのように感じてしまうかもしれませんが、**Evernote**の真骨頂は、その使い方にあるのです。

次項目から、**Evernote**で何ができるのか、どんなメリットをあなたにもたらすのかを、説明していきましょう。

02

身の回りのあらゆる情報を保管しておく「知のデータベース」

前述のように、Evernoteは、インターネット上のサーバーにデータを保管します。そう聞いて、みなさんがパッと思いつくのは、重要なメールやエクセルデータ、ウェブページやTwitterの「つぶやき」など、いわゆる「残しておきたいデジタルデータ」の保管ではないでしょうか。

しかし実は、アナログの情報も保管しておけるのです。どういうことかというと、年賀状や名刺、手書きのメモなどの紙情報は、デジカメで撮影したりスキャナで取り込んで保管すればいいのです。

「なんだ、ただ画像データとして保存するだけか」と思うかもしれませんが、実はそうではありません。Evernoteのすごいところは、それらのデータにさまざまな情報やキーワード（複数可能）を付加できるという点です。そして、それらのキーワードで検索することで、データベースのように活用することができるのです。

イメージしやすいように、使い方の一例を挙げてみましょう。

たとえば、山田太郎という人と名刺交換した際に、それを**iPhone**で撮影して「山田太郎」というタグを付けて**Evernote**に保管します。他にも山田太郎さんからの年賀状や、一緒に携わった仕事の資料、スケジュールなどにも「山田太郎」というタグを付けます。これにより、「山田太郎」で検索すると、どの会社の誰なのか、何の仕事をしたのか、どんな年賀状が届いたのかなどの情報を、一瞬で探し出すことができるのです。

また、ふっとひらめいたアイデアを、メモや録音データとしてすぐに保管し、必要なときにアイデアソースとして引っ張り出

データに付けたタグで関連情報をまとめて探し出せる

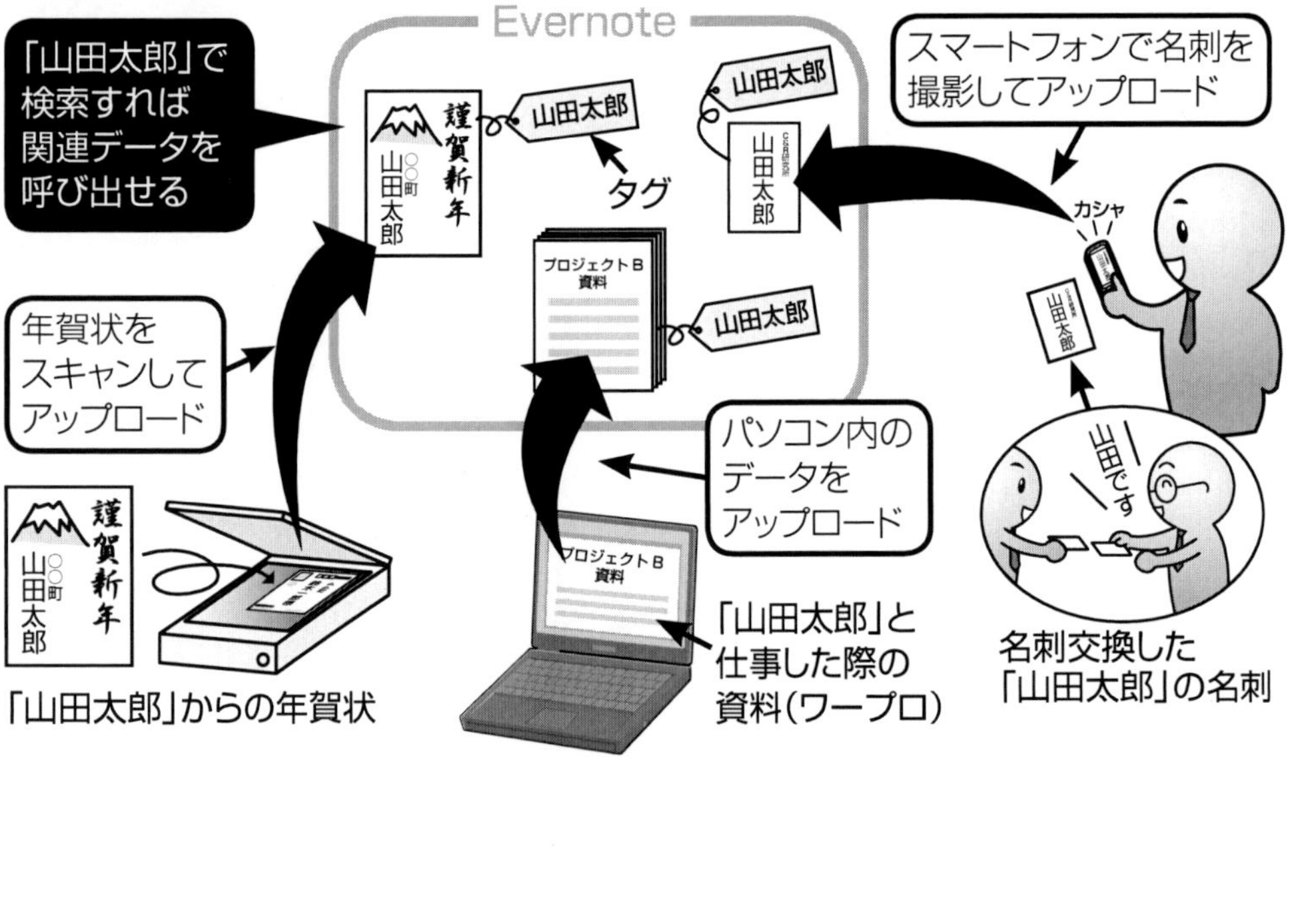

してくることもできるでしょう。紙でファイリングしてある書類も、スキャナで片っ端から取り込んでEvernoteに保管すれば、置き場所を取らなくなるばかりか、会社の外にいるときでさえ、書類を読むことができるようになります。

すべてを記憶する――これがEvernoteのキャッチフレーズです。

身の回りのあらゆる情報を保管・検索・閲覧できるEvernoteは、まさにすべてを記憶する、「知のデータベース」なのです。

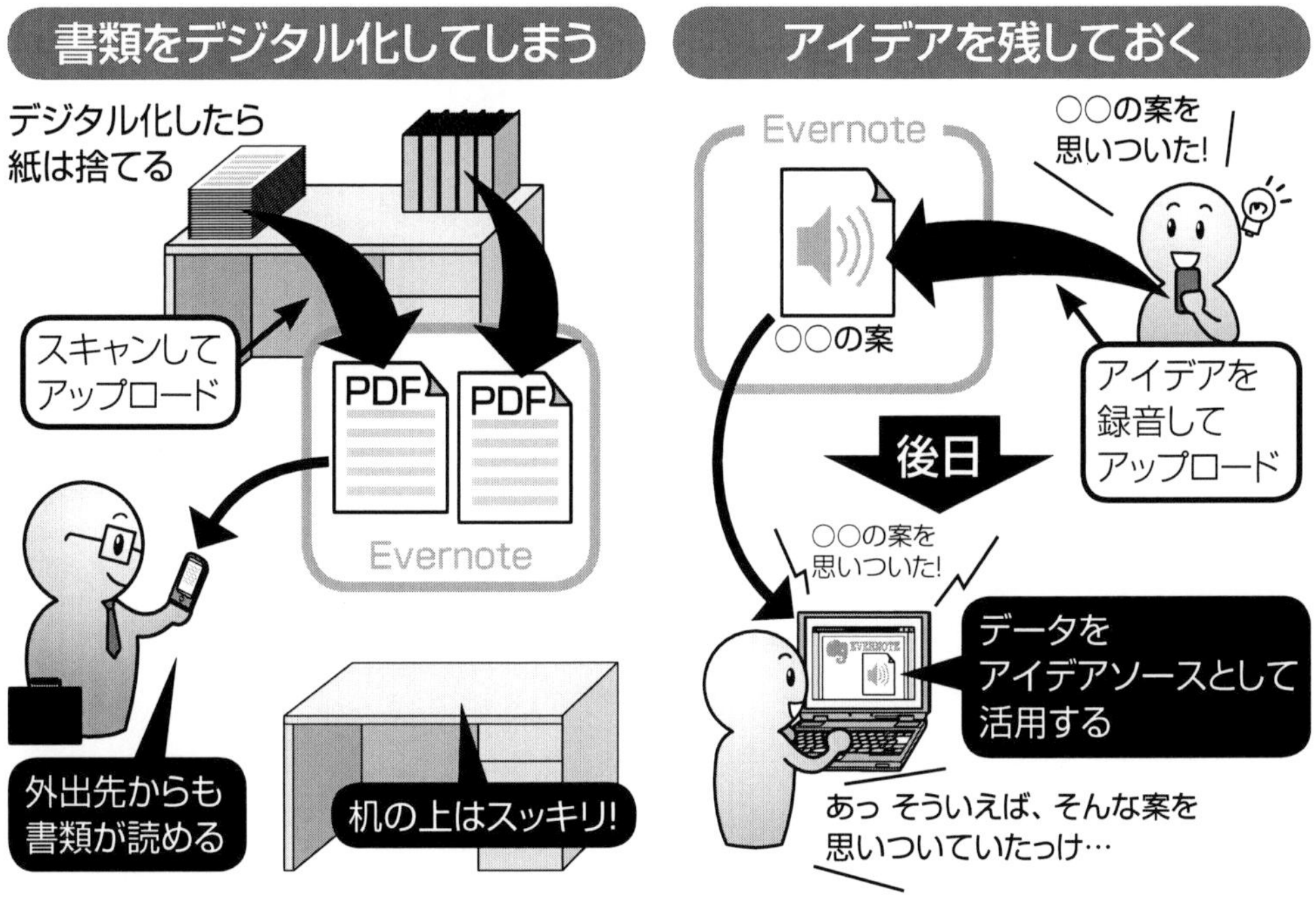

03 人間の作業効率を下げる「制約」を限りなく少なくする

Evernoteを使うと、作業効率を下げるさまざまな「制約」を限りなく少なくすることができます。ここでいう「制約」とは、次のようなものです。

- 物理的制約
- 脳の制約
- ストレス(心理的制約)
- ロケーションによる制約

ここでは、「制約」というキーワードで、私たちの作業効率を下げる日常的な要因を整理してみましょう。

物理的制約

物理的制約で代表的なものが「紙」です。紙は数が増えれば収納する場所が必要になり、さらに、目的の情報を探すのにも手間がかかるようになります。また、過去から現在までのすべての情報にアクセスするのは非常に困難です。紙の情報を大量に利用するということは、効率を下げることにほかなりません。

脳の制約

人の脳は、不必要な記憶（たいていは嫌な記憶）を忘れ、脳の活動を効率化しようとします。そのため、人の記憶は曖昧であり、情報を忘却することもあるのです（実際は

物理的制約
あの情報どこだったかなぁ？
紙による情報は、かさばる上に、目的の情報を探し出すのも大変

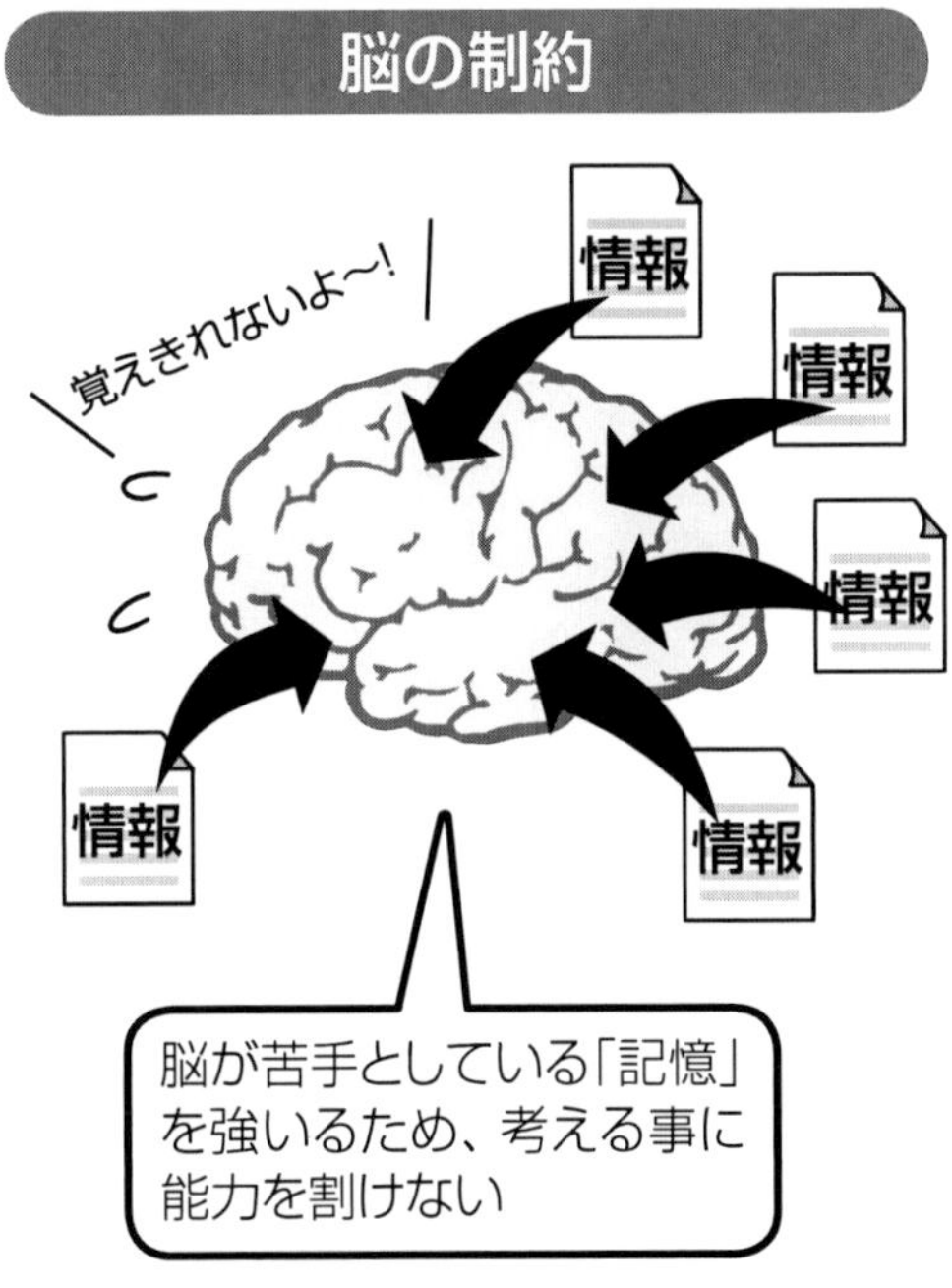
脳の制約
覚えきれないよ〜！
情報
情報
情報
情報
情報
脳が苦手としている「記憶」を強いるため、考える事に能力を割けない

覚えているが思い出せない)。つまり、脳はすべてを事細かに記憶することには向いていないのですが、それにも関わらず、多くの人が脳に「記憶」をさせ、さらに「思考」という別の仕事もさせようとします。これでは脳の効率は上がりません。

ストレス(心理的制約)

人は、いらいらしていると思考がまとまらなくなります。作業を効率よくこなすためには、しっかりと集中できる環境を作る必要があります。

ロケーションによる制約

共同作業を行う場合は、時間や場所とい

ストレス(心理的制約)
こんな状況で
仕事に集中なんて
できるか!
イライラ
イライラ
ストレスでイライラしていると、考えがまとまらずに効率が落ちてしまう

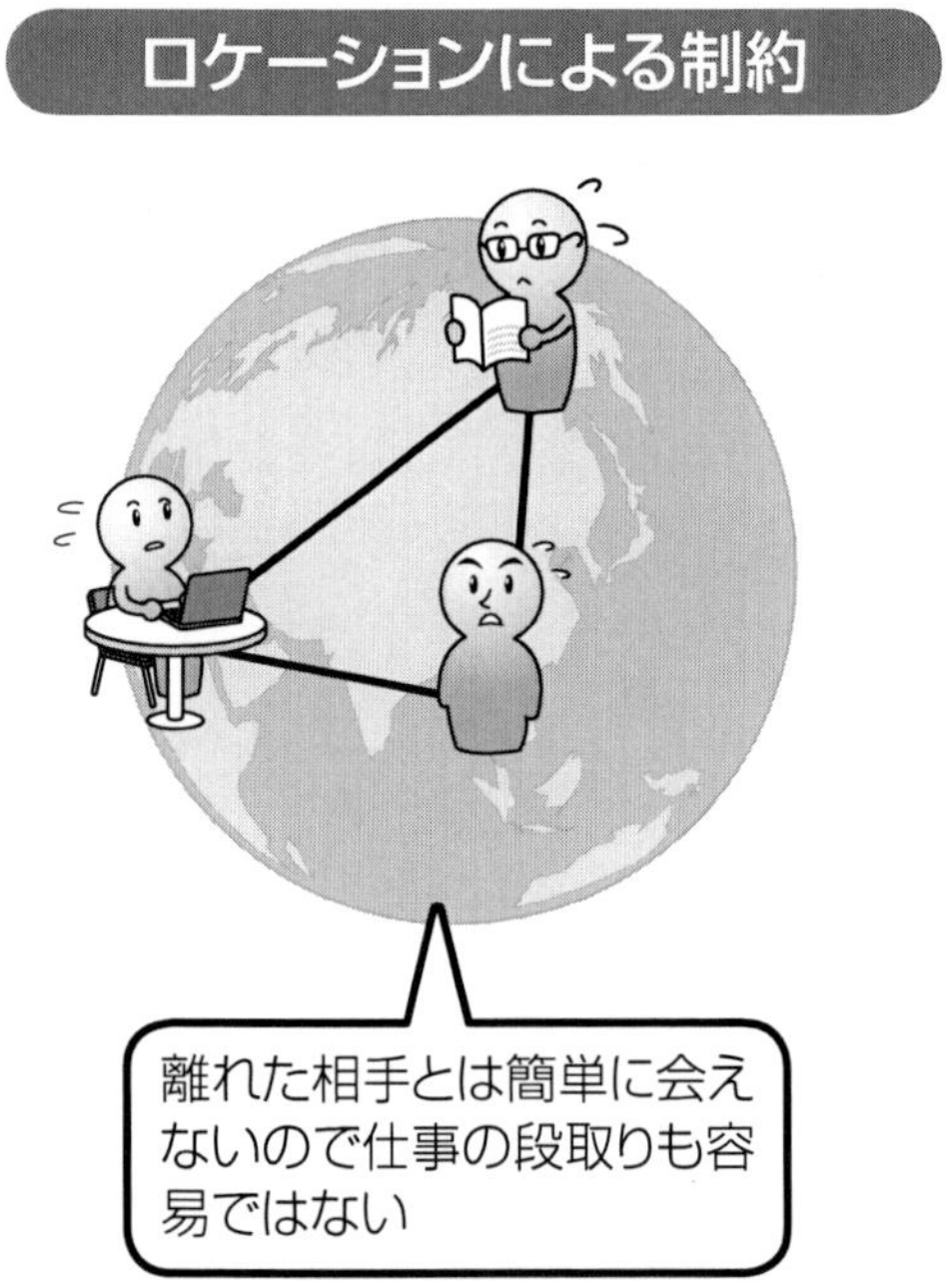
ロケーションによる制約
離れた相手とは簡単に会えないので仕事の段取りも容易ではない

う制約もあります。異なる時間帯、異なる地域で共同作業をしていくためには、何らかの仕組み作りが必要です。

Evernoteを導入すると、これらの制約から解放されます。

サッカーでは、守備にマークされていないオフェンスの選手を「フリー」と表現します。周りを取り囲むディフェンス陣がいなければ、その選手は自分のやりたいプレイを思う存分できる事でしょう。

同じように、制約から解き放たれた「フリー」の状態になれば、今まで制約をクリアするために割いていた労力が不要になり、その分を生産的（あるいは創造的）な作業に割くことができるようになります。これこそが作業効率のアップ、つまり、あなたの仕事の能力アップにつながるのです。

04
EVERNOTE

「紙」の物理的な不便さを解消して作業効率をアップする

Evernoteを導入すれば、まず紙で保存する書類を減らす事ができます。スキャナを使って画像ファイルやＰＤＦ形式などで紙の書類を簡単に取り込めます。提出の必要のない書類は捨ててしまって問題ないでしょう。もし仕事に関係ある書類をすべて**Evernote**上に取り込む事ができれば、次のような状況が生まれます。

- 書類に書かれてある情報を参照したい時はEvernoteを検索するだけでよい
- ファイリングにかける手間が減る
- 紙の書類が占めていた物理的スペースが空く

これは紙の「書類」に限定した事例ですが、書類以外のメモや名刺、手紙などでも同じ事です。こうしたアナログな紙たちはそれだけでは検索できないので、上手く使おうと思えばどうしてもファイリングシステムが必要になります。しかし、現状のファイリングシステムはいくつかの問題点を抱えています。その問題点とは次のようなものです。

- 整理に手間がかかる
- 探すのに時間を使う
- 保管する物理的スペースを必要とする
- こうもり問題に対応しにくい
（126ページコラム参照）

Evernoteはこういった問題に対しての解決策を持っています。ファイリングシステムの問題点やそれに対するEvernoteの使い方などは第2章にて紹介したいと思います。

◉ 名刺をEvernoteに保存したところ

05 EVERNOTE 脳に「記憶」という仕事をさせずに創造力に力を注げるようにする

ビジネスにおいて、アイデアの有用性が昔と比べものにならないほど高まっています。事務的な仕事はたいていパソコンがこなせる状況です。**「仕事ができる」ビジネスパーソンに求められるのは、常なるアイデアの提供**ではないでしょうか。

Evernoteを導入・運用する事は「補助脳を導入する事」といってもいいと思います。よく**Evernote**は「第２の脳」と表現されますが、それと同じような意味合いです。これは、人間の脳が不得意な事を**Evernote**に任せる、ともいえます。

人の脳には、次のような特徴があります。

- 非常に忘れっぽい
- 覚えるのが苦手
- 記憶が曖昧
- 思い出したい時に思い出せない

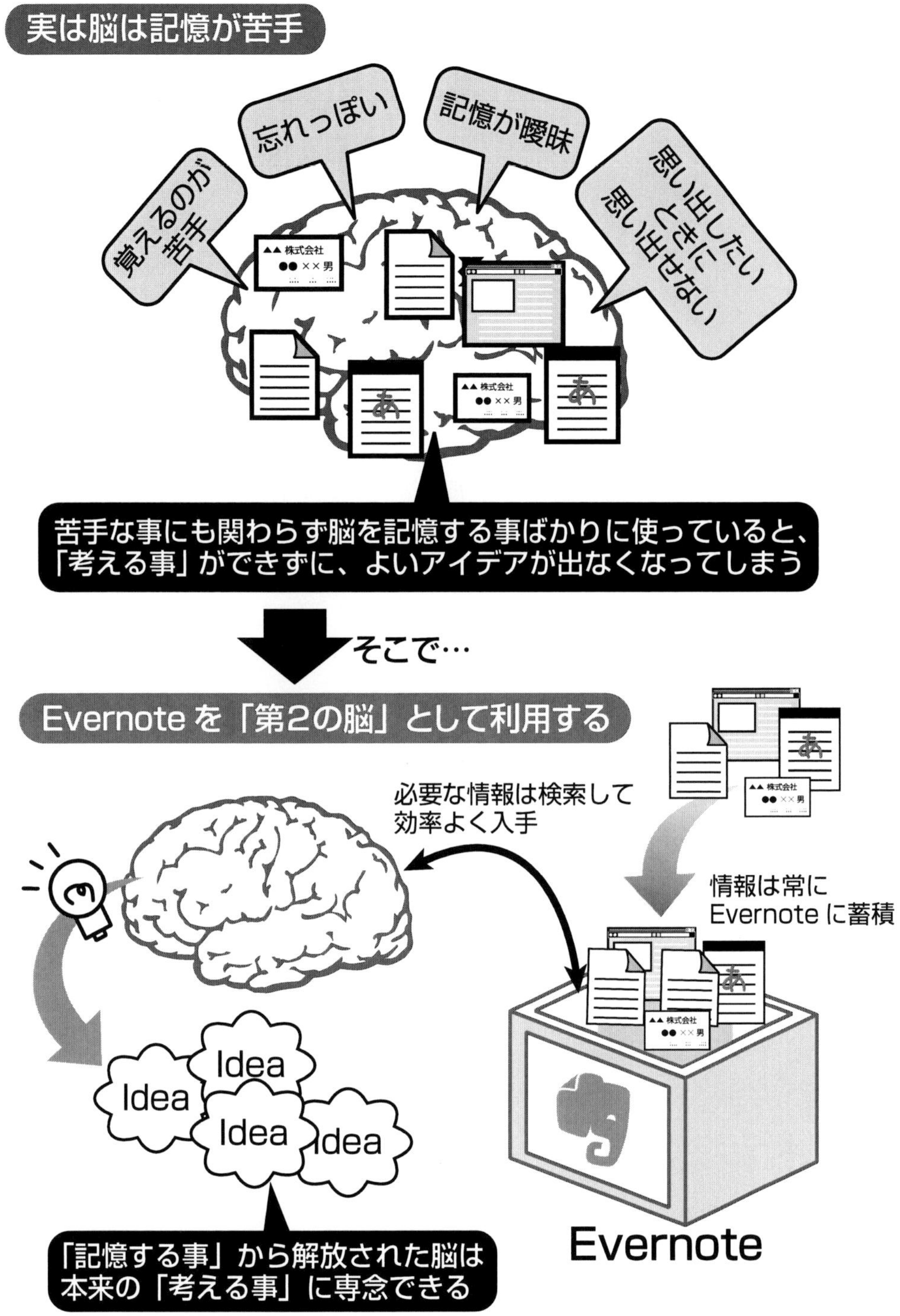
実は脳は記憶が苦手
覚えるのが苦手
忘れっぽい
記憶が曖昧
思い出したいときに思い出せない
苦手な事にも関わらず脳を記憶する事ばかりに使っていると、「考える事」ができずに、よいアイデアが出なくなってしまう
そこで…
Evernoteを「第2の脳」として利用する
必要な情報は検索して効率よく入手
情報は常にEvernoteに蓄積
Idea
Idea
Idea
Idea
「記憶する事」から解放された脳は本来の「考える事」に専念できる
Evernote

脳の「記憶」に関する機能は優れているとは言い難いものです。でも、多くの人が脳にこの苦手な事をさせ続けようとしています。そういった状況（ある種の制約下）に置かれている脳は「考える事」にすべての力を使えるでしょうか。

「補助脳」たる**Evernote**はその脳の苦手な機能を引き受けてくれる存在です。上手く記憶に関する機能を**Evernote**に委譲できれば、脳は置かれていた制約下から解き放たれ、自分の得意な事――つまり「考える」――に全力を出す事ができるようになります。

Evernoteと創造力について、あるいは具体的なアイデア発想法については第3章で解説します。

06

段取りや優先順位をタスク管理し精神的なストレスを軽減する

脳が受けている制約は「記憶」との競合だけではありません。ストレスの影響も見逃せない点です。一口にストレスといっても大小さまざまなレベルがありますが、たとえば次のような状況に陥っていないでしょうか。

- やる事がいっぱいありすぎて何から手を付けてよいのかわからない
- 作業をしている間に、別の作業の事が気になる
- 書類を受け取る度に、どこに整理すべきか考えている
- 必要になる度に、その書類がどこにあったか思い出す必要がある

このような状況を当たり前と受け止めているかもしれません。しかし、このような状況に置かれる事によって脳は細かいストレスに晒され続ける事になります。

たとえそれが細かくても、ストレスが脳に与える影響は大きいものです。そういう状況では効率は上がらず、また集中力も期待できません。上手く集中するためには「気になる事」を、すべて脳から荷下ろししておく必要があります。また、仕事の流れを決めておけば、その度ごとに「どのように処理しようか」と悩む必要はなくなります。**Evernote**を補助脳として使いこなせれば、そういった「気になる事」や「悩み」から解放されます。

第4章では、ストレスから解放されるためのワークフローシステム（タスク管理）としてGTDという手法と**Evernote**を使っての実践方法を紹介します。

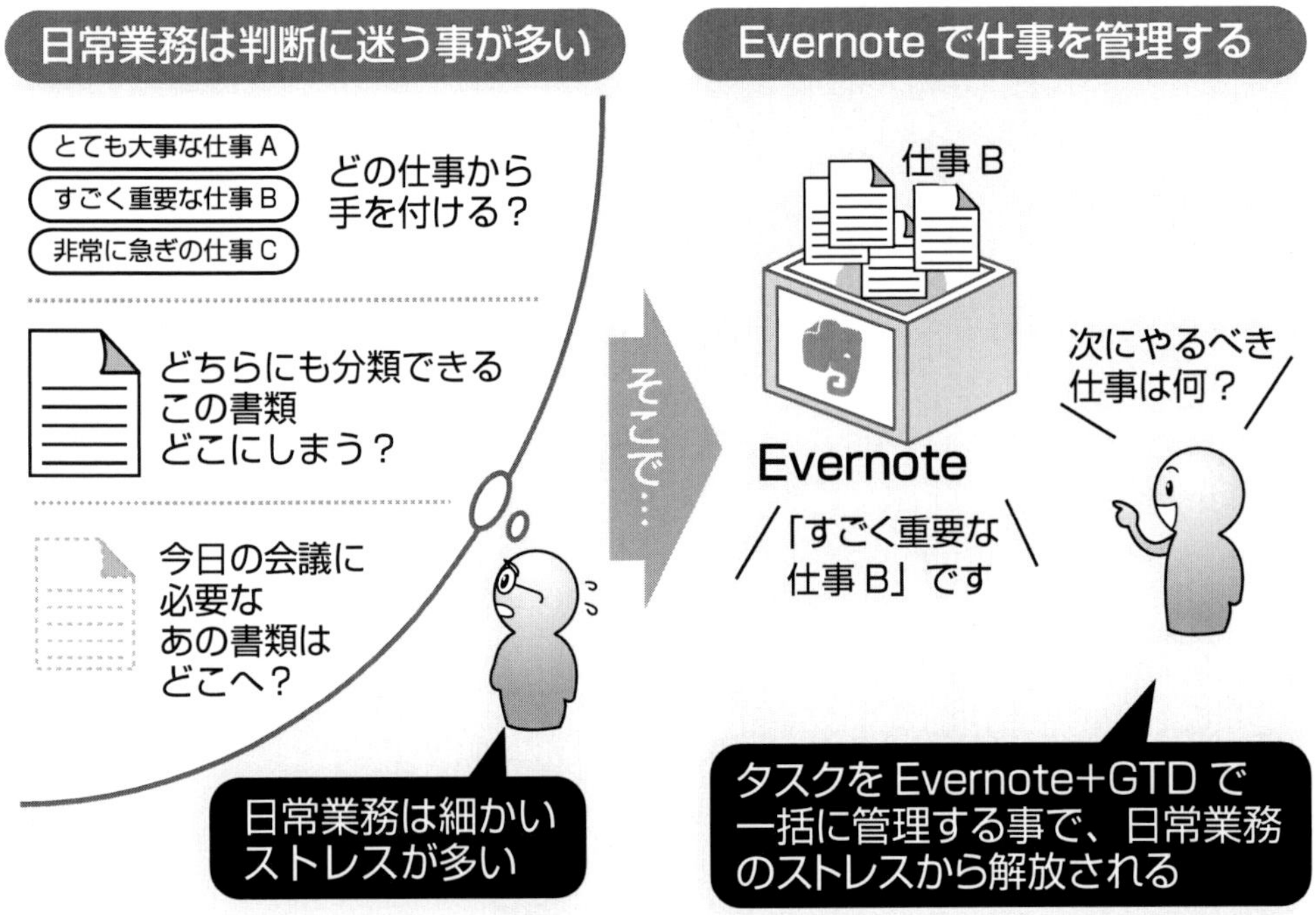
日常業務は判断に迷う事が多い
とても大事な仕事 A
すごく重要な仕事 B
非常に急ぎの仕事 C
どの仕事から手を付ける？
どちらにも分類できるこの書類どこにしまう？
今日の会議に必要なあの書類はどこへ？
日常業務は細かいストレスが多い
そこで…
Evernote で仕事を管理する
仕事 B
Evernote
「すごく重要な仕事 B」です
次にやるべき仕事は何？
タスクを Evernote+GTD で一括に管理する事で、日常業務のストレスから解放される

● EvernoteでのGTDを実現している例

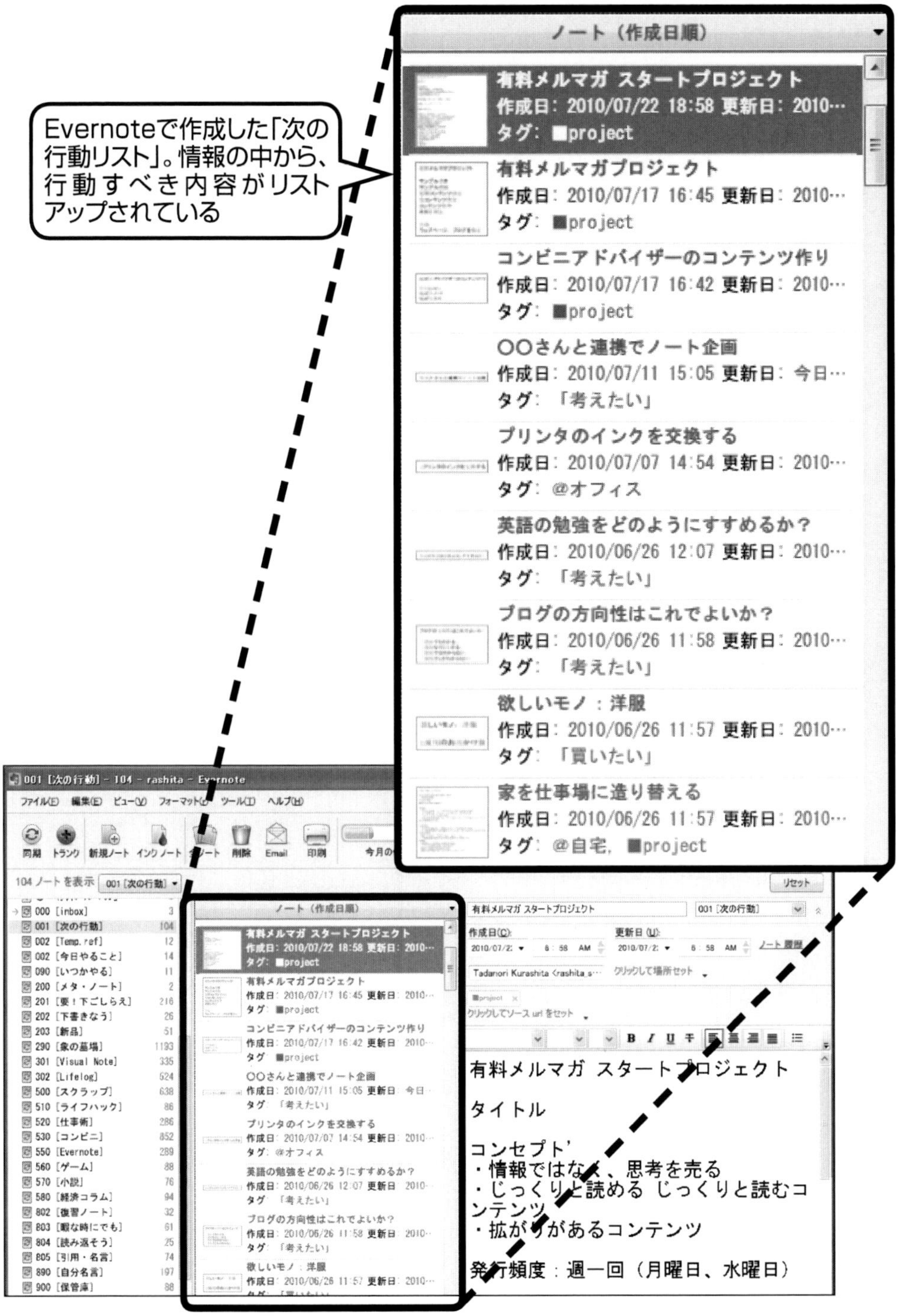

07 関わった仕事や人脈のデータを集めて自分専用のデータベースを作る

増えていくものは書類ばかりではありません。名刺もその1つでしょう。人と繋がれる手段である名刺はなかなか捨てにくいものです。かといって、何も考えずに名刺入れに入れておくだけでは目的の名刺を見付けるのに手間取ってしまいます。名刺管理専用のアプリケーションなども最近では充実していますが、**Evernote**を工夫して使えば単なる名刺管理以上の事が実現できます。

たとえば、次のような使い方ができます。

- その人との仕事の履歴を書き込んでおく
- 自分が気付いたその人の特徴を書き加えておく
- その人とやりとりしたメールなども表示させる

こうして、徐々に蓄積されていく「人」や「仕事」の情報は一種のデータベースと呼んでも差し支えないかもしれません。あなた専用の個人的な「自分データベース」。**Evernote**に情報を集約していけば、それが少しずつ育っていくわけです。これはビジネスの世界だけに使える、というものではありません。趣味の世界にも広げていく事ができます。

第5章では「人脈データベース」の運用例を中心に、それ以外のデータベース作りに関しての方法を紹介します。

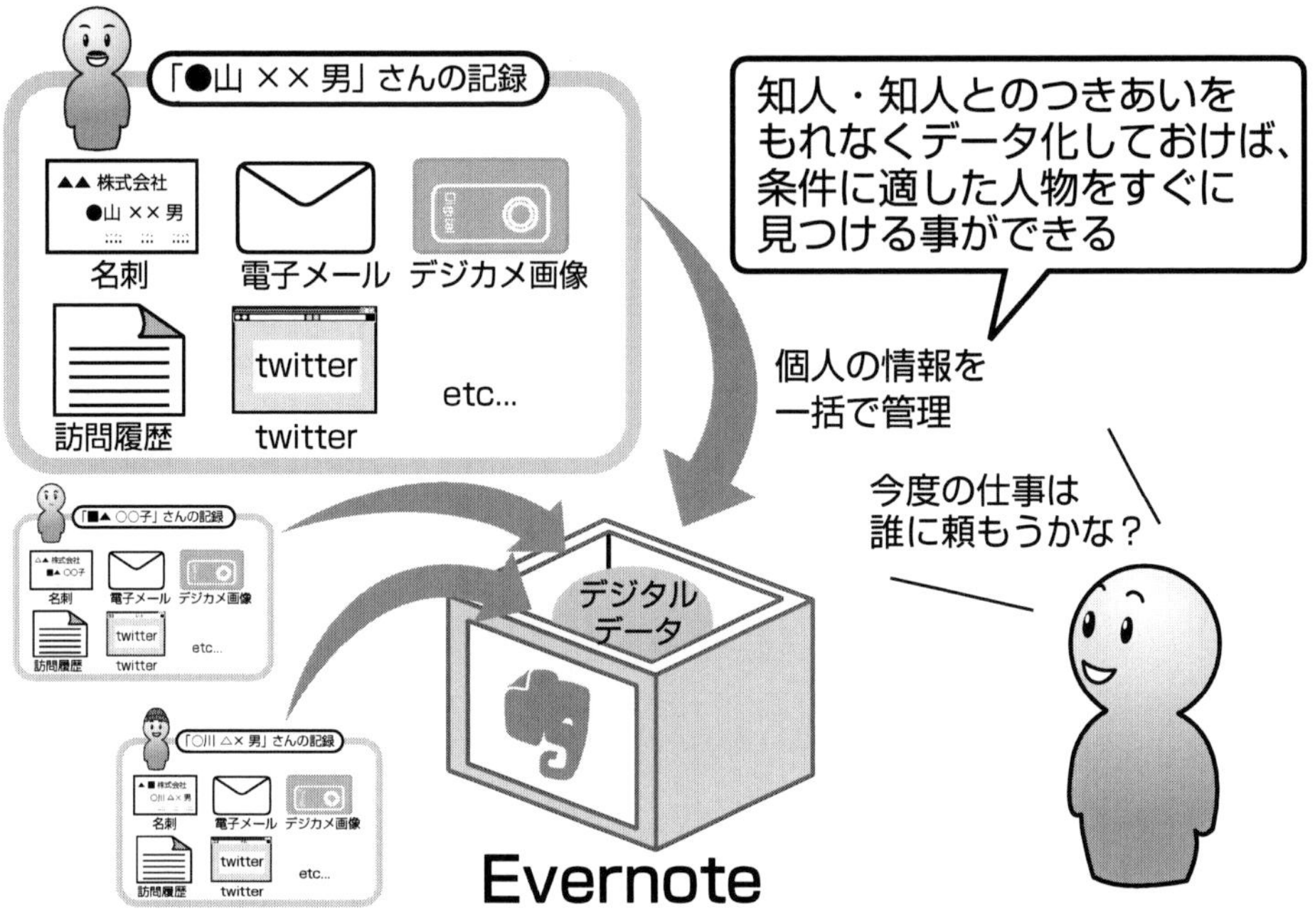

◉ Evernoteで作る「人脈データベース」の例

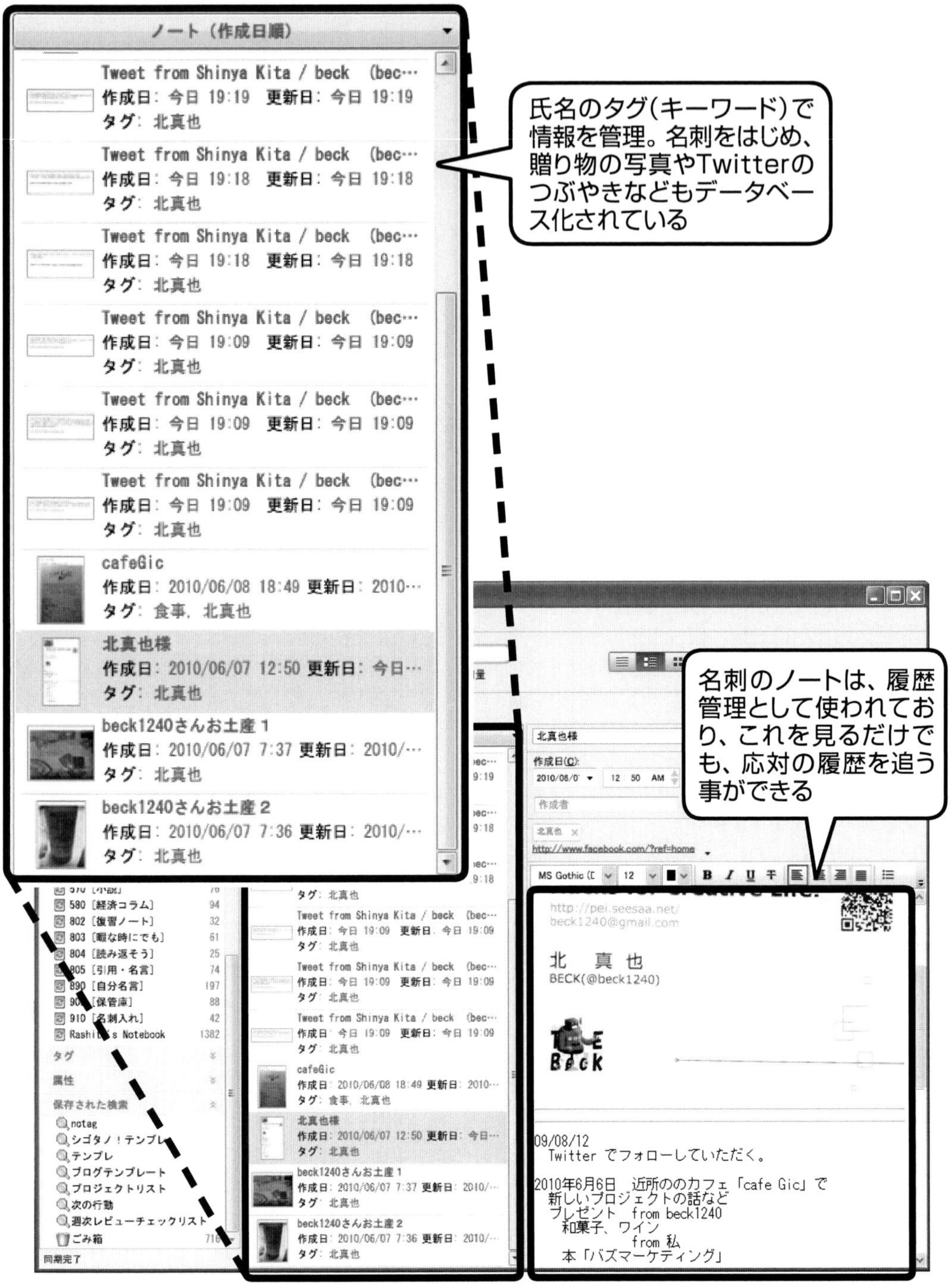

08 「共有ノートブック」で仲間との情報共有をサポート

ビジネスパーソンの活動領域はもはや会社内だけではありません。最近では異業種を交えた勉強会や読書会なども盛んに行われており、実際に参加した経験がある人もいるでしょう。そういった場では普段自分たちが持っているものとは違う「価値観」や「情報」に触れることができます。

また最近では、ビジネスパーソンでもイベントを主宰したり本を執筆したりする事例も珍しくなくなってきました。こういった作業はどうしても複数人とデータや情報を交換していく必要があります。

Evernoteの「共有ノート」機能はそれらの活動のサポートに使う事ができます。そういった共同作業を、ネットを介して行えるツールは他にいくらでもありますが、

Evernoteを使えばすべての情報を1ヶ所に集める事ができます。

この「共有ノート」の使い方の可能性はいくらでも考えられます。第6章では、実際の事例の紹介などを通じて「共有ノート」の使い方を考えるきっかけを提供したいと思います。

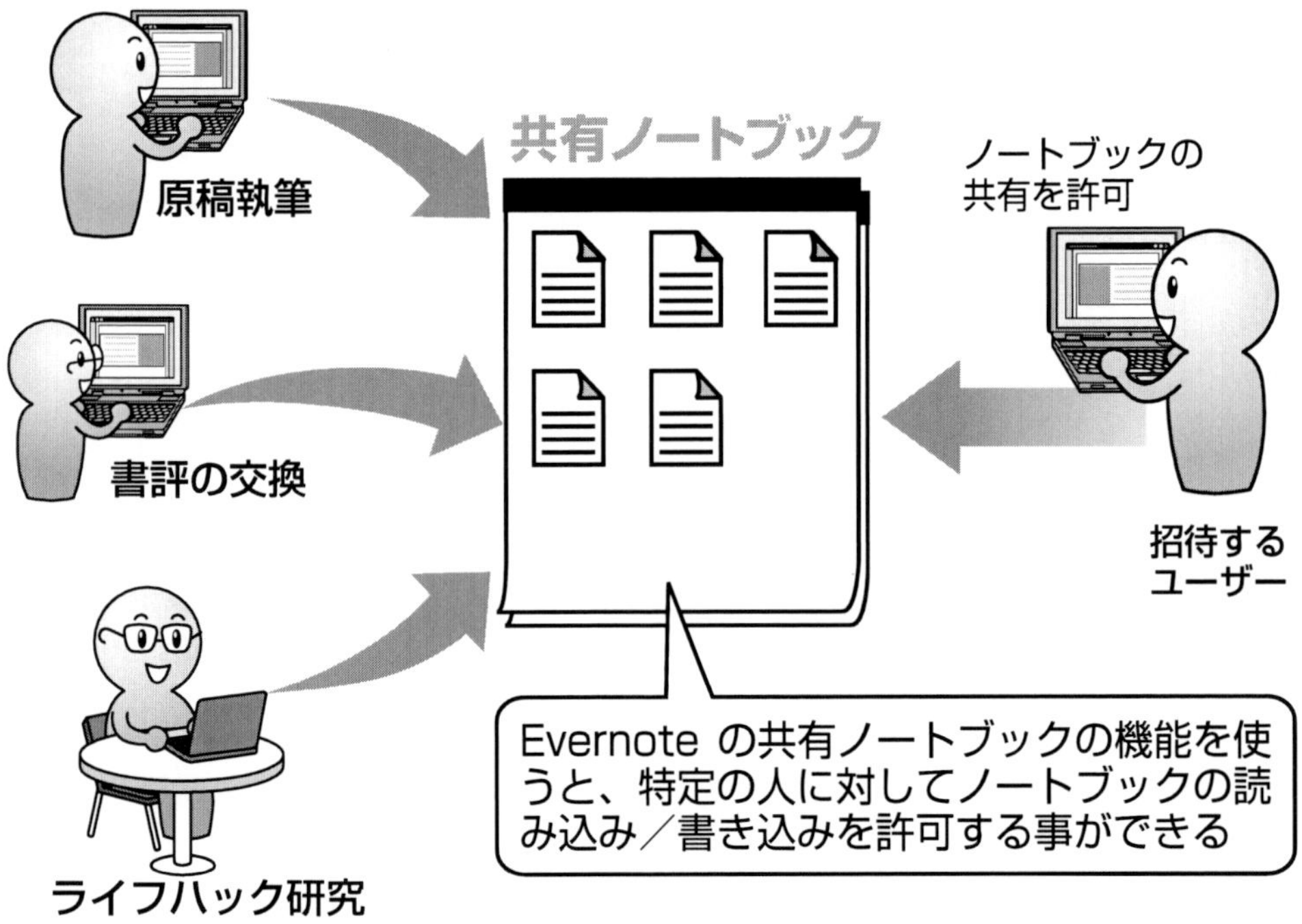

原稿執筆
書評の交換
ライフハック研究
共有ノートブック
ノートブックの共有を許可
招待するユーザー
Evernote の共有ノートブックの機能を使うと、特定の人に対してノートブックの読み込み／書き込みを許可する事ができる

◉「共有ノートブック」の実行例

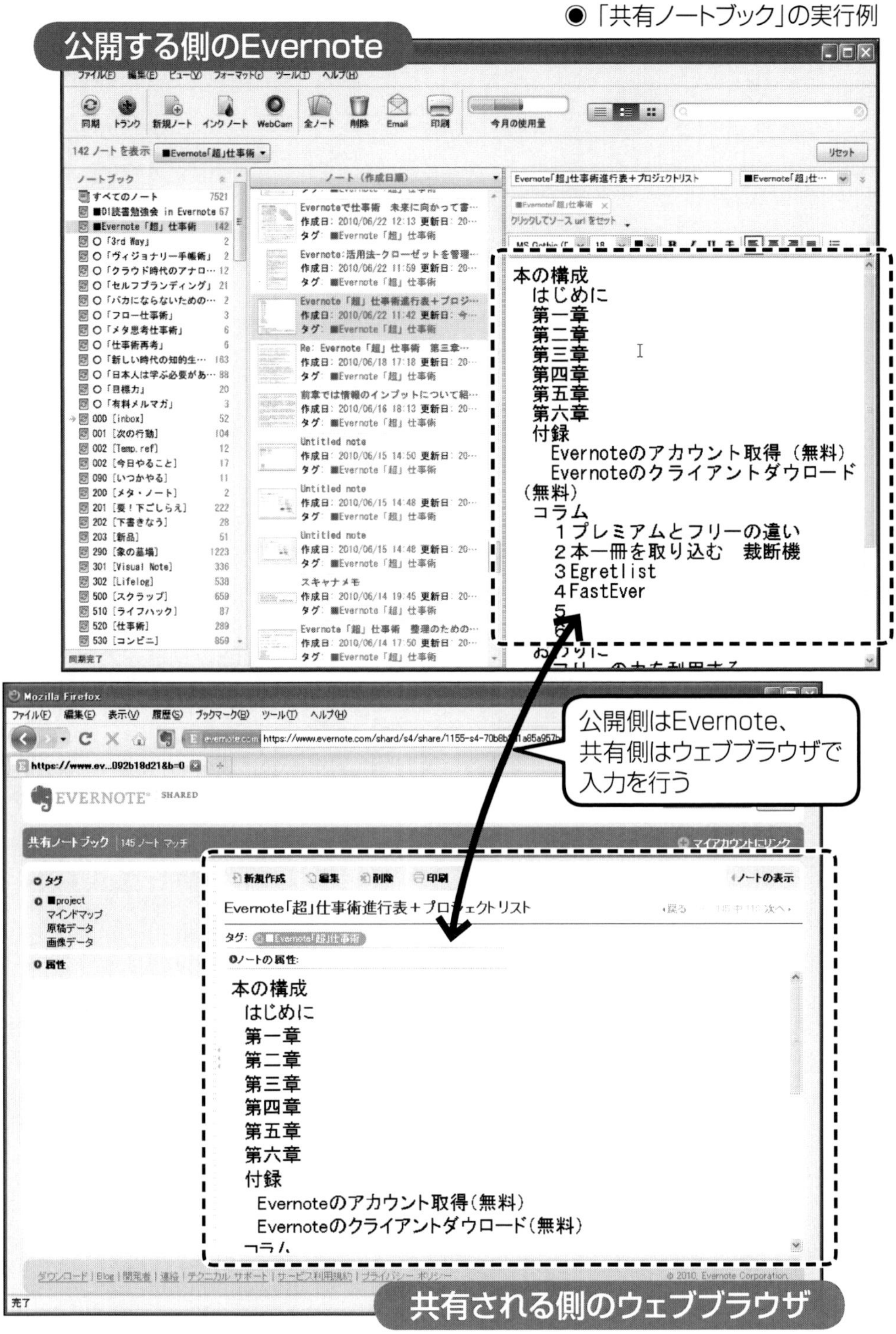

09 情報管理の「負荷」を減らす目的は「付加」価値を考え出すための環境作り

インターネットが普及する前は、専門の知識や情報を知っていることが、ビジネスの武器になりました。しかし現在、知識や情報はネットから誰でも得ることができます。つまり、誰もが知っている情報ではなく、付加価値のある情報を作り出さなければ、生き残れない時代なのです。そのために、**「思考力」**が重要になってきます。

Evernoteはあなたを補佐する「補助脳」です。補助脳は、思考力を飛躍的に高めてくれるわけではありません。しかし、**あなたが「考える仕事」に全力を傾けられるようにサポートしてくれるのです。**

現代社会は情報や物があふれ、その管理のために脳にはさまざまな負荷がかかります。そんな状態では、脳本来の考える力を発揮することは難しいでしょう。だからこそ、補助脳であるEvernoteで情報管理の負荷を取り除く。そして、「考える」ことに集中し、付加価値のある情報を生み出すのです。

「負荷から付加へ」。これがこの本のテーマでもあります。そのための道のりは、次の3つのステップです。

❶情報を1ヶ所に集める
❷脳にかかっている負荷を減らす
❸集めた情報から価値のある情報を作り出す

単に情報を集めるだけでも、脳の負荷を減らすだけでも充分ではありません。それらの状況から新しいアイデアを生み出していく事こそが大切なのです。

自分の手元にすべての情報があり、それらを検索で簡単に取り出せる感覚。あるいは、脳の負荷が減りリラックスした状態で考え事ができる感覚。これらの感覚（フリー感覚）は、実際に体験してみた時、初めてその「威力」を実感できるでしょう。

では、次章より実際の**Evernote**の使い方について紹介していきます。

Column

Evernoteの対応OS

現在、Evernoteが対応しているOSやデバイスは、次のようになります。

対応 OS

- Windows
- Mac OS X
- iPhone / iPod Touch
- iPad
- Android
- BlackBerry
- Palm Pre / Palm Pixi
- Windows Mobile

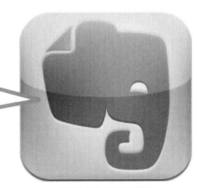

Evernote

主要なパソコンとスマートフォンにはきっちりと対応しています。

ちなみにWindowsとMacでは微妙に機能が異なります。iPhone版とiPad版もインターフェスは異なっています。いろいろなEvernoteを使いこなすというのも面白いかもしれません。

また、それぞれのアプリケーションは常にアップデートされ機能改善やバグが修正され続けています。アプリケーションのインストールもアップデートも基本的には無料なので安心して使い続ける事ができます。まず、手持ちのパソコンやスマートフォンには対応のアプリケーションをインストールしておけば問題ないでしょう。こうしておけば、どのパソコンからでも同じデータを閲覧する事ができます。これがクラウドサービスを使う事のメリットの1つです。

CHAPTER

2

「知のデータベース」になんでも詰め込もう

ビジネスの現場で使えるデータをEvernoteに取り込む

本書では、普段使っているパソコンやスマートフォンににEvernoteのアプリケーションをインストールしたと仮定して話を進めていきます。実際の細かい手順はEvernoteの入門書などで詳しく説明されているのでそちらを参照してください。

インストール直後のEvernoteは空っぽの箱のようなもので、その中には何一つ入っていません。ここにいろいろなものを集めていくのが最初の作業になります。最終的に目指すべきはありとあらゆる情報をEvernoteに集める事ですが、いきなりそういった地点を目指すのは少しハードルが高すぎるかもしれません。

ビジネスの現場でまず使えるように、次の3つの情報をEvernoteに集める事から始めてください。

- ウェブページのスクラップ
- 紙の書類(デジタル化する)
- 自分のアイデアなど

どれか1つから始めて徐々に範囲を拡大していくのもよいでしょう。もちろん3つを同時に始めても構いません。ただスタートに関しては過去の情報は後回しにして、現在使っている資料やこれから入ってくる情報だけに絞り込む事をお勧めします。

Evernoteには1ヶ月あたりのアップロードの容量の上限が決まっています。無料アカウントで40MB、有料アカウ

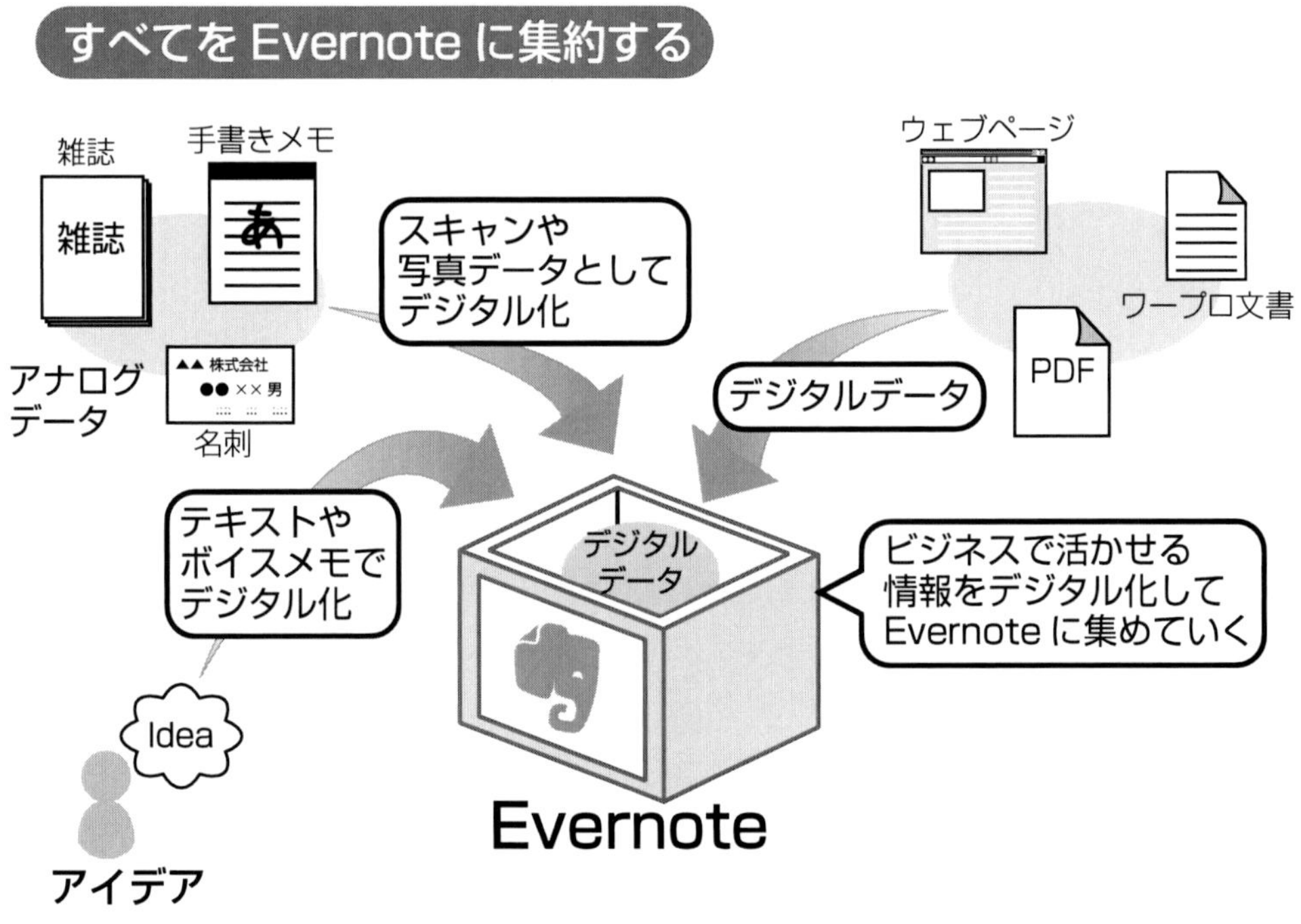

ントで５００ＭＢの容量を１ヶ月で使う事ができます。無料のアカウントでもかなりの量の情報を扱う事ができるのですが、過去にたまった書類まで一気に入れようとすると上限に引っかかってしまいます。

しばらくは現在以降の情報に関してだけ**Evernote**に入れて、自分なりにしっくり来たら有料アカウントに変更して過去の情報もどんどん取り込んでいく、という方針の方がリスクは少ないはずです。

11 Evernoteでウェブページをスクラップする

最近はさまざまな情報がインターネット上に集まっています。情報収集の一環でニュースサイトやブログを見て回る事は日常の一部に組み込まれているかもしれません。そういった情報収集の際に「面白かった記事」や「気になったニュース」を管理する方法はいくつかあります。もっとも簡単なのがブラウザのお気に入り(ブックマーク)に入れておく事でしょう。しかし、これは数が多くなってくると管理が大変です。

ウェブ上のサービスでもブックマークを実現できるものがあります。有名どころでは「はてなブックマーク」や「**delicious**」などがあり、これらは「ソーシャルブックマーク」と呼ばれています。これらのサービスを使っている人も多いでしょう。

はてなブックマーク　http://b.hatena.ne.jp/
delicious　http://delicious.com/

Evernoteを使えば、ソーシャルブックマークとは別の機能が実現できます。それは次のような点です。

- 他人と共有されない
- 保存範囲の選択ができる
- コピーを保存する
- 加工性が高い

これらの項目について、個々に見ていくことにしましょう。

他人と共有されない

ソーシャルブックマークはその名が示す通り、いろいろな情報が広く他人と共有

ソーシャルブックマークとEvernoteの違い

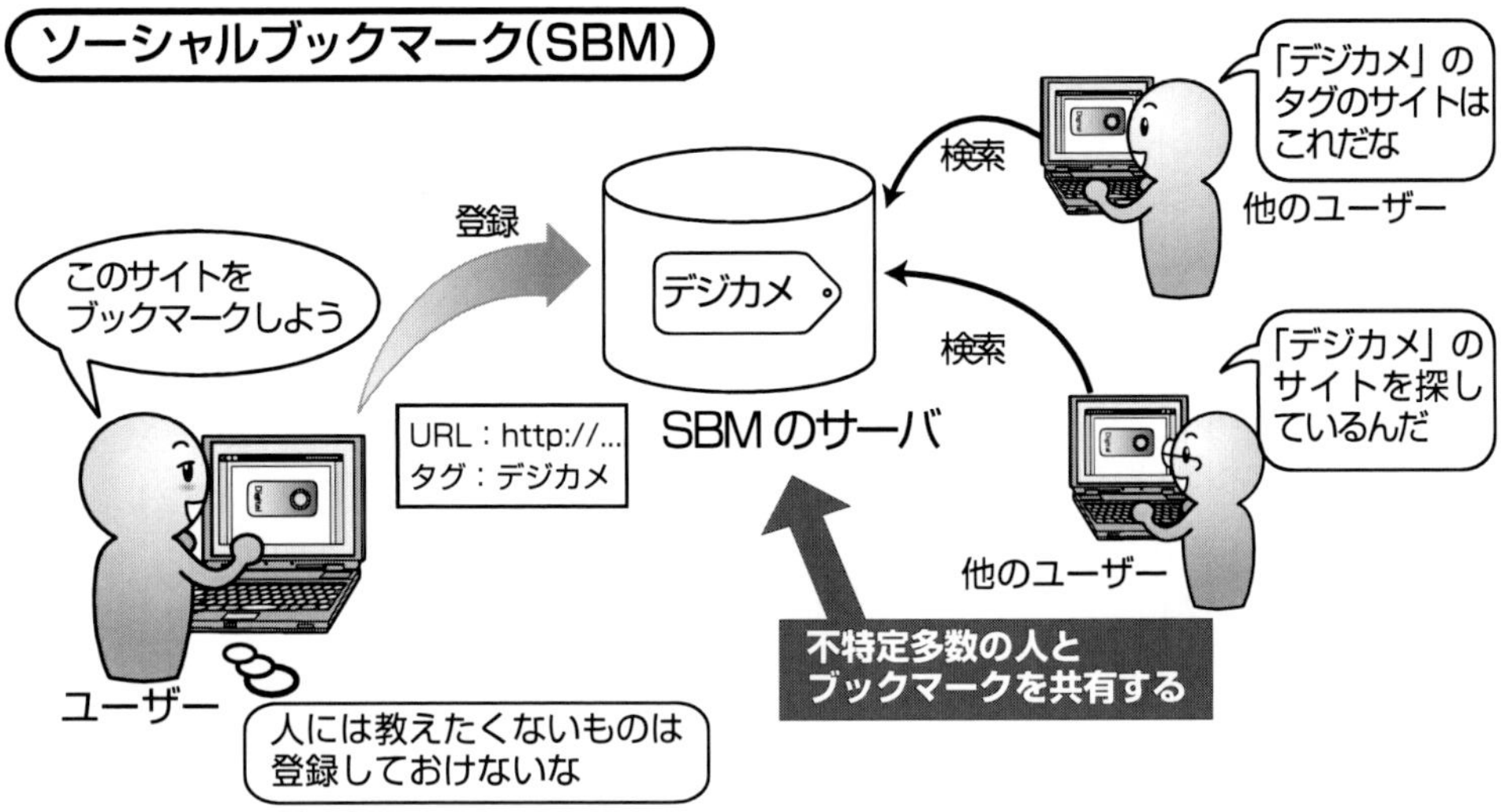
ソーシャルブックマーク(SBM)
このサイトをブックマークしよう
登録
URL：http://...
タグ：デジカメ
デジカメ
SBMのサーバ
検索
「デジカメ」のタグのサイトはこれだな
他のユーザー
検索
「デジカメ」のサイトを探しているんだ
他のユーザー
ユーザー
人には教えたくないものは登録しておけないな
不特定多数の人とブックマークを共有する

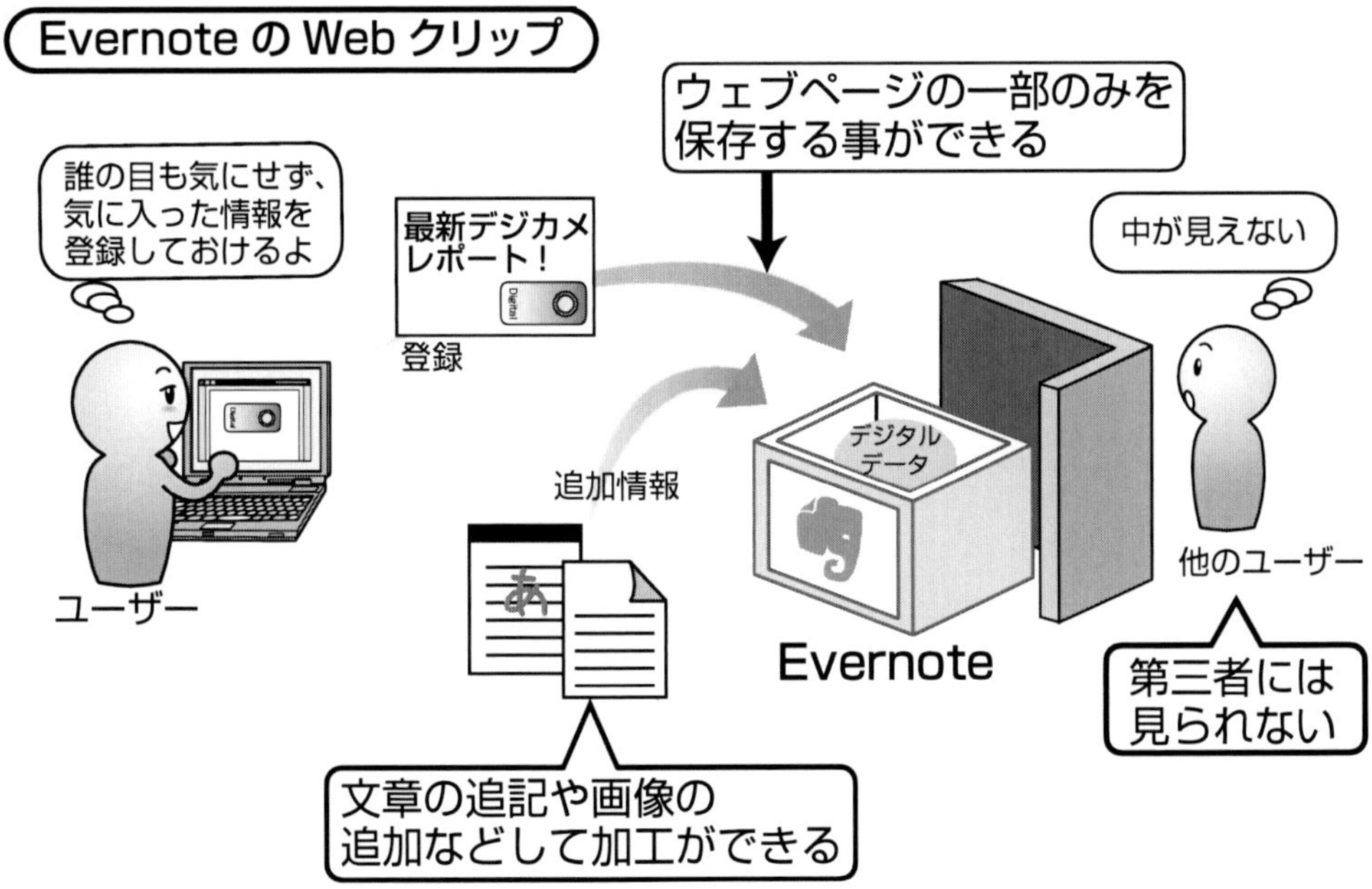
EvernoteのWebクリップ
ウェブページの一部のみを保存する事ができる
誰の目も気にせず、気に入った情報を登録しておけるよ
最新デジカメレポート！
登録
中が見えない
デジタルデータ
追加情報
ユーザー
他のユーザー
Evernote
第三者には見られない
文章の追記や画像の追加などして加工ができる

されます。面白い情報を共有するという発想は重要ですが、すべての情報がそういう性質のものではありません。Evernoteであれば、ちょっと気になった記事から凄く大切にしたい記事まで誰の視線を気にする事もなく保存しておく事ができます。

保存範囲の選択ができる

Evernoteでは選択した部分だけを保存する事も、ページ全体を保存する事もできます。長い記事の1行だけがとても重要で他はどうでもよい、という場合はその部分さえ残しておく事ができれば充分です。後の取り回しを考えれば、こういった保存範囲が選択できる事は重要です。

コピーを保存する

Evernoteではそのページへのアクセス（URL）ではなく、内容のコピーを保存します。万が一、ウェブ上からそのページが消えてしまっていてもEvernoteでは問題なくその内容にアクセスする事ができます（URLも保存されます）。

加工性が高い

ウェブページを取り込んだものは1つのノートとして扱われます。このノートには追記もできますし、画像などを後から追加する事もできます。他のノートと組み合わせて新しいノートにする事もできます。集めた情報を使って新しくアウトプットしたい場合に、この加工性の高さは大変なメリットになります。

もちろん、簡単に感想を書き加えておくという使い方もできれば、コメントなしでただ保存するだけという使い方もできます。

ウェブページの一部を保存するには

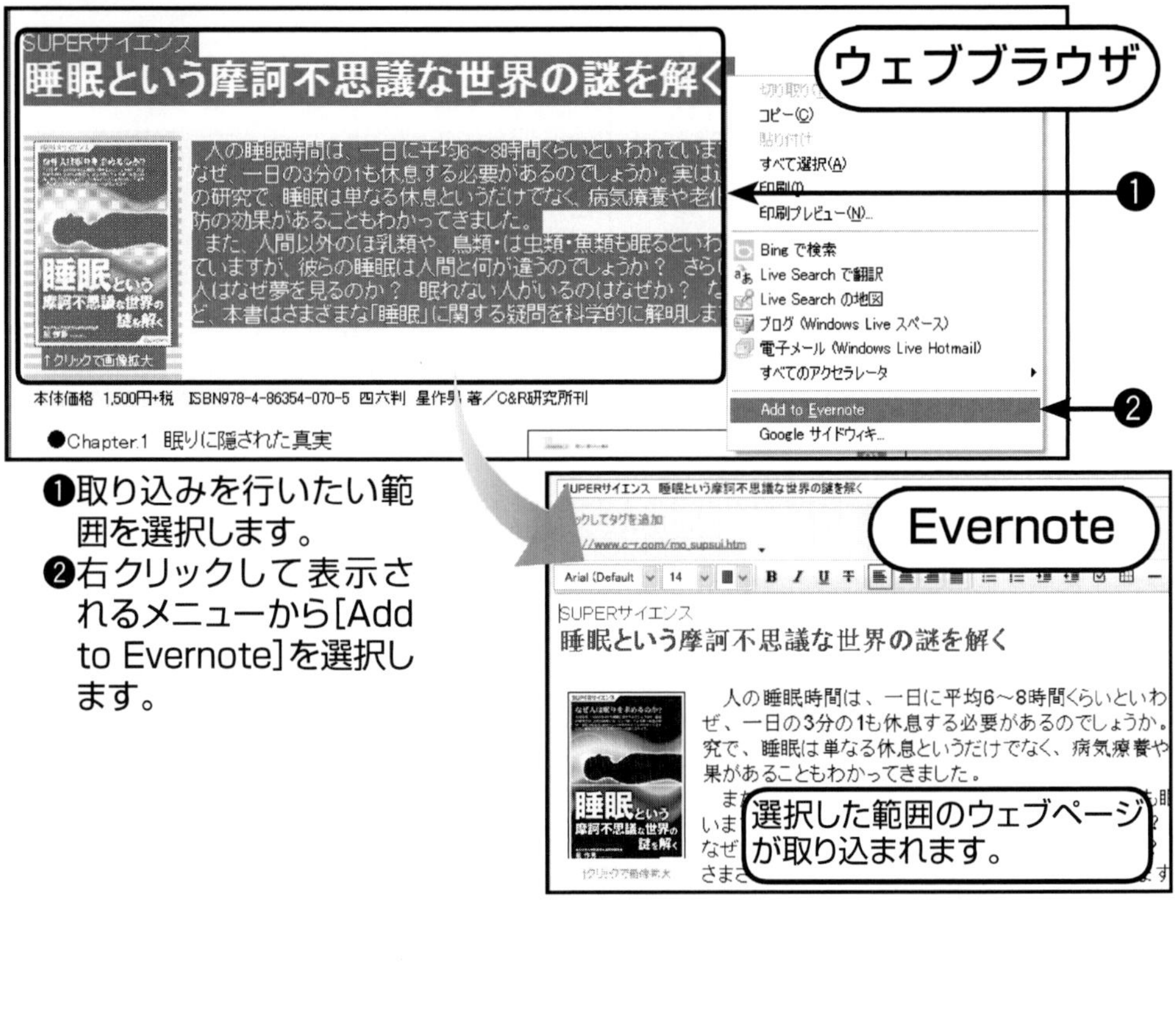

❶取り込みを行いたい範囲を選択します。
❷右クリックして表示されるメニューから[Add to Evernote]を選択します。

アドオンやエクステンションでウェブクリップを効率化する

ウェブページを効率よく**Evernote**に保存するにはブラウザに付加機能を付けるのが便利です。**Evernote**のソフトをインストールすれば、**Windows**であれば**Internet Explorer**に、**Mac**であれば**Safari**にクリッパーの機能が自動的に追加されます。

また、**Firefox**ではアドオン、**Google Chrome**ではエクステンションという形でブラウザにさまざまな機能を付け加える事ができます。**Evernote**用のアドオン（エクステンション）は次のリンクから入手できます。

- Firefox（Evernote Web Clipper）
  https://addons.mozilla.org/ja/firefox/addon/8381/
- Google Chrome（Evernote ウェブクリッパー）
  https://chrome.google.com/extensions/detail/pioclpoplcdbaefihamjohnefbikjilc?hl=ja

アドオンをインストールすれば、下図のようなボタンがブラウザに表示されます。

このボタンをクリックすればページ全体が保存されます。また引用したい部分だけを選択してボタンをクリックする事でその部分だけを取り込んだノートを作る事もできます。ボタンをクリックする以外にもショートカットメニューに「**Add To Evernote**」という項目が増えるので、そちらを使っても同様の動作になります。

この機能を使って、気になったウェブページの内容をどんどん**Evernote**に入れていきましょう。内容の重要度に関わらず気になった記事を「とりあえずの気持ち」で**Evernote**に入れておく

◉ Evernoteクリップボタン

ウェブクリップでウェブページを取り込むには

前ページで解説したように、ウェブブラウザごとにウェブクリップを行う機能を追加することができます。ここでは、FireFoxを使っていますが、他のウェブブラウザでも同様の手順でウェブクリップを行うことができます。

1 取り込み範囲の設定とクリップ

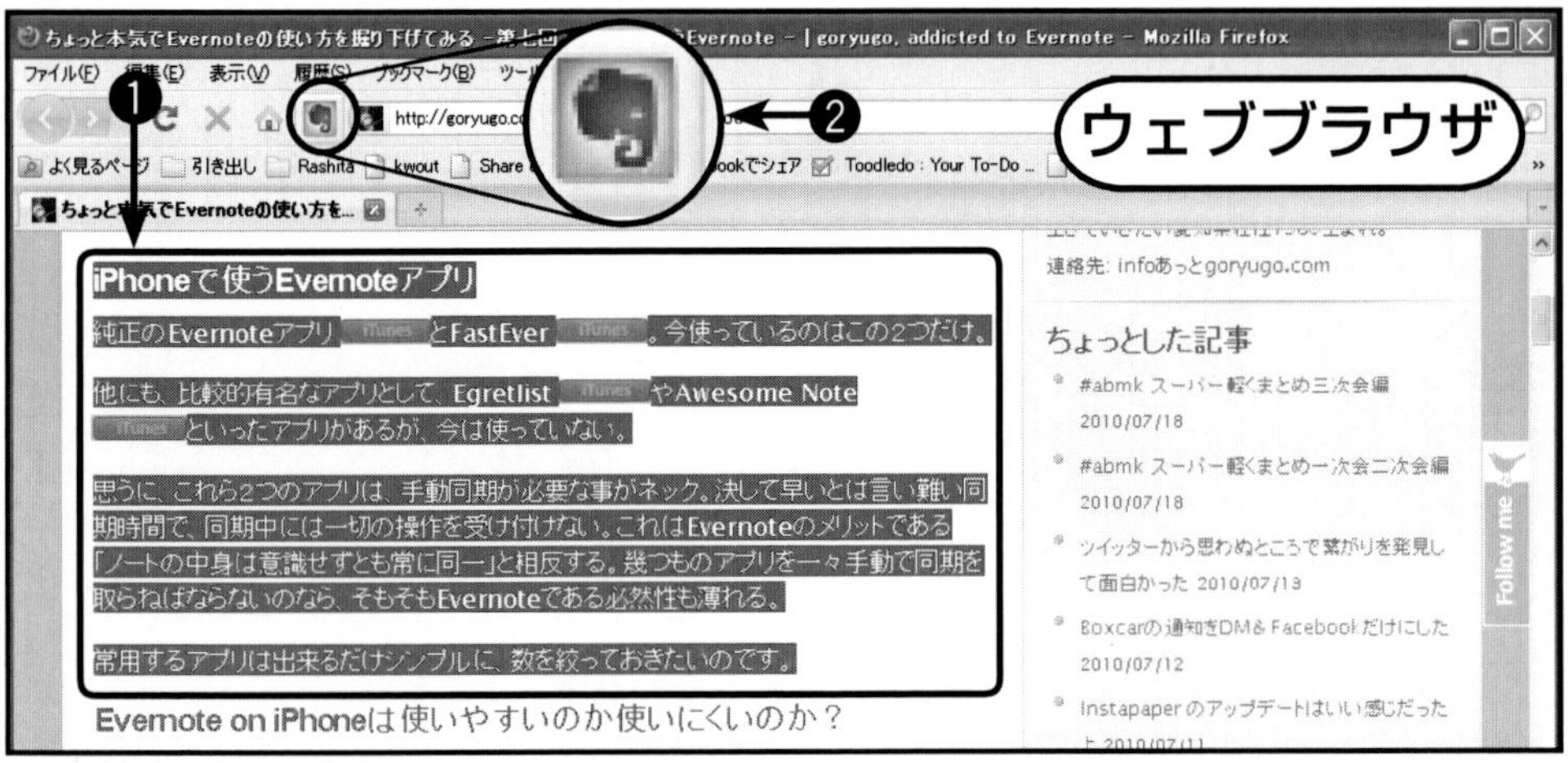

ウェブブラウザ
❶
❷
iPhoneで使うEvernoteアプリ
純正のEvernoteアプリ とFastEver 。今使っているのはこの2つだけ。

他にも、比較的有名なアプリとして、Egretlist やAwesome Note といったアプリがあるが、今は使っていない。

思うに、これら2つのアプリは、手動同期が必要な事がネック。決して早いとは言い難い同期時間で、同期中には一切の操作を受け付けない。これはEvernoteのメリットである「ノートの中身は意識せずとも常に同一」と相反する。幾つものアプリを一々手動で同期を取らねばならないのなら、そもそもEvernoteである必然性も薄れる。

常用するアプリは出来るだけシンプルに、数を絞っておきたいのです。

Evernote on iPhoneは使いやすいのか使いにくいのか？

ちょっとした記事

❶取り込みを行いたい範囲を選択します。
❷ボタンをクリックします。❶の選択範囲を指定しない場合には、ページ全体が取り込まれます。

2 Webクリップの結果の確認

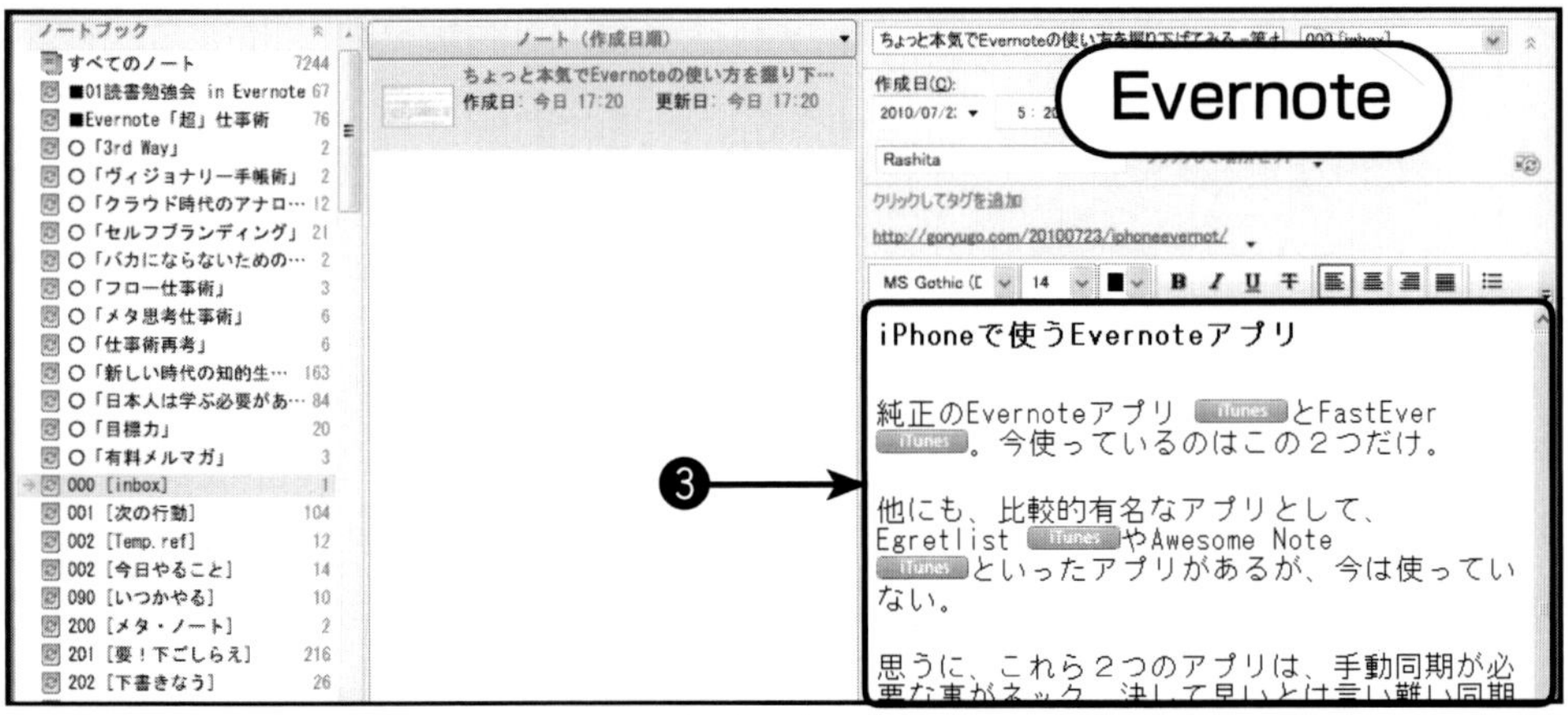

Evernote
❸
ノートブック
すべてのノート
iPhoneで使うEvernoteアプリ
純正のEvernoteアプリ とFastEver 。今使っているのはこの２つだけ。
他にも、比較的有名なアプリとして、Egretlist やAwesome Note といったアプリがあるが、今は使っていない。
思うに、これら２つのアプリは、手動同期が必

❸Evernoteを開くと、選択した部分がノートとして取り込まれているのが確認できます。

事で、再度記事を参照したくなった場合も検索やリンクをたどる事なくその情報にアクセスできるようになります。

まず、この「とりあえず保存習慣」で、「どこに保存しようか」「どうやってあの情報に巡り会ったかな」「使うかどうかわからない」という判断や迷いから解放されるようになります。

13 紙の書類をEvernoteでデジタル化する

紙の書類はいくらでも増え続けます。あるいは何気なく買った雑誌なども同様です。1つ1つはあまり場所を取りませんが、放置しておくとどんどん数が増え、棚のスペースを占領し始めます。いざ、必要なものを探そうとしてもなかなか見つからない、そういった状況は時間の無駄でもあり、「どこにあったっけ?」と無駄な不安を作ってしまう事にも繋がります。

紙の書類なども**Evernote**で一括管理しておけば、そういった無駄な時間や不安感から解放されます。

紙の書類は、「捨てられるもの」と「捨てられないもの」に分ける

書類にもいろいろな種類があります。大きく2つの分類で考えてみましょう。

まず「実物が必要なもの」。これは提出する必要があったり、一時的に預かってい

るというような書類です。もう1つが「書いてある情報が必要なもの」。これは書類そのものではなく、そこに記載されている情報にアクセスできればそれで充分というもの。

見回してみると後者の書類が多いかもしれません。**Evernote**にこういった書類を入れておけば、現物は捨ててしまっても問題ありません。

雑誌は「必要な部分だけ」を取り込む

雑誌には1冊丸ごと興味の対象という物と、部分的に気になる記事がある物の2つがあります。すべての雑誌を**Evernote**に入れるのがベストな形です

書類は対象方法を性質ごとに使い分ける

書類の種類	書かれた情報のみが必要な書類	実物が必要な書類
書類の性質	●記載されている情報にアクセスできれば充分なもの	●どこかに提出が必要なもの ●人から預かっているもの
Evernoteへの取り込み後	情報はいつでもEvernoteから取り出せるので書類は捨てても問題なし。	書類を保管する。保管場所をEvernoteに書いておくとすぐに取り出せる。

はじめは物理的な紙の量を減らすことができるので、こちらから取り込む

が、まずは部分的に気になる記事がある雑誌をEvernoteに入れておきましょう。これで雑誌そのものは捨てる事ができます。

最初は手近なものから取り込んでいく

いきなり全部をEvernoteに入れるのではなく、まずは部分的に始めてみましょう。紙の書類は直近のプロジェクトに関する物から、雑誌は最近読んだものから始めてみるくらいの感覚で充分です。そして、徐々にそういった行為に違和感がなくなってきたら取り込む範囲を広げていく事で、さらなる解放感に繋げる事ができると思います。

紙の書類をEvernoteに取り込むにはスキャナを使う方法と、デジカメなどを使う方法があります。次のセクションから、それぞれ解説していきましょう。

14 スキャナを使って効率的に書類を取り込む

書類をEvernoteに取り込むための方法としては、スキャナを使うのが一般的です。まずは、スキャナの種類に注目してみましょう(正確にはイメージスキャナという名称ですが、一般的に使われているので本書ではスキャナをイメージスキャナという意味で使います)。

一般的なスキャナは大きく分けて、「フラットベットスキャナ」と「ドキュメントスキャナ」の2種類があります。それぞれに特徴があるので選択する際のポイントとともに紹介しておきます。

フラットベッドスキャナ

原稿を台にセットしておき、読み取りの機械が動くものがこのタイプです。コピー機とセットになっている複合機のようなタイプならばこの形でしょう。最近の複合機はかなり価格が安いので、すでに持っている人も多いかもしれません。操作自体も簡単で扱いやすく、取り込む原稿の厚みを気にせずに済むのが特徴です。

しかし、取り込む原稿の枚数が多いと少々面倒になってくるのが問題です。紙の書類の枚数が多いならば次に紹介する自動給紙方式(ADF)型のドキュメントスキャナを検討した方がよいでしょう。

ドキュメントスキャナ

ドキュメントスキャナとは、その名の通り書類を取り込む事に特化したスキャナです。本のような厚みのあるものは取り込めませんが、紙の書類などは自動で次々と取り込ん

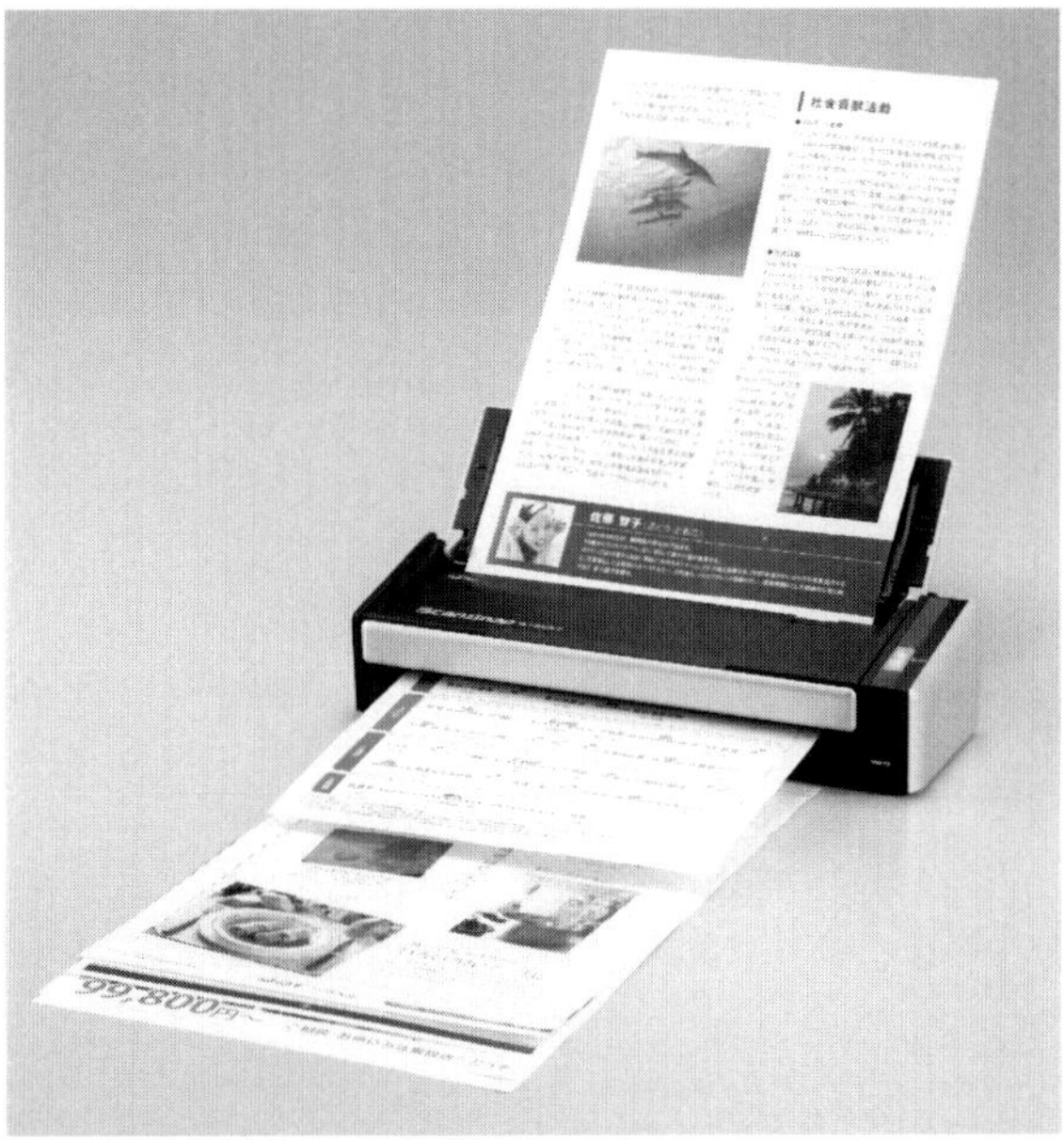

◉ 富士通のScanSnap　S1300

でくれるので非常に便利です。富士通の**ScanSnap**がその代表的な存在です。

ScanSnapの特徴は単に紙の書類を簡単にスキャンできる事だけではありません。元の機能として**Evernote**と連携する機能が提供されています。最初に設定しておけばスキャン後、**Evernote**に自動的にノートが作られます。もし、日常的に大量の書類が発生するような環境であるならば、**ScanSnap**に代表されるようなドキュメントスキャナの購入を検討するとよいでしょう。

ScanSnapとの連携の設定

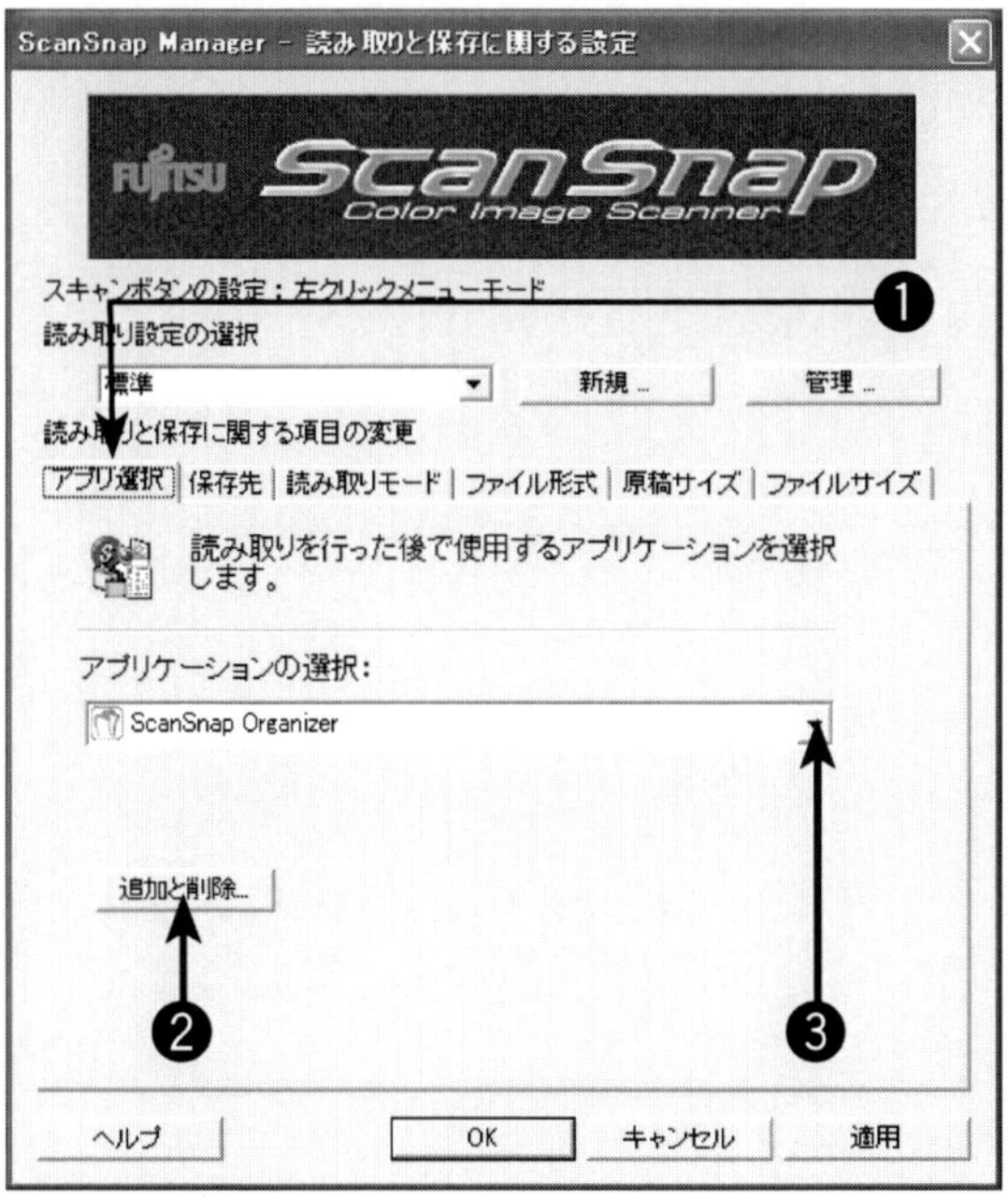

ScanSnap Managerは ScanSnapに付属するユーティリティプログラムです。

EvernoteとScanSnapの連携は、左図の[読み取りと保存に関する設定]ダイアログボックスで行います。

❶ [アプリ選択]タブ
ScanSnapと連携するプログラムの設定を行います。

❷ [追加と削除]ボタン
ScanSnapと連携するアプリケーションを追加／削除するボタンです。設定時にはこのボタンをクリックして、Evernoteのプログラムを追加する必要があります。

❸ [アプリケーションの選択]
連携するプログラムを選択します。❷で追加したプログラムも表示されます。

ファイル形式の選択

スキャナで取り込む際にはいくつかのファイル形式を選択する事ができます。一般的にはＪＰＥＧやＰＤＦという形式が多いでしょう。扱えるファイル形式に一定の制限があるフリーアカウントでも画像ファイルとＰＤＦは問題なく扱えます。

ファイルサイズはＪＰＥＧ形式の方が小さくなりますが、ＰＤＦ形式では複数のページをまとめる事ができます。状況によって使い分けをしてみてください。

Evernoteでは取り込んだＰＤＦファ

● EvernoteでのPDFの表示

イルはビュアーを起動せずにそのままEvernote内から閲覧する事ができます。複数ページのファイルでも問題ありません。雑誌や論文などはこの形式で入れておけば後で閲覧しやすくなります。

Evernoteの OCR機能

スキャナにはＯＣＲ機能（光学式文字読取）が付いているものがあります。この機能を使えば、画像中に含まれる文字データをテキストデータに変換してくれます。テキストデータに変換しておけばEvernoteでの検索の対象になります。

◉ EvernoteのOCR機能

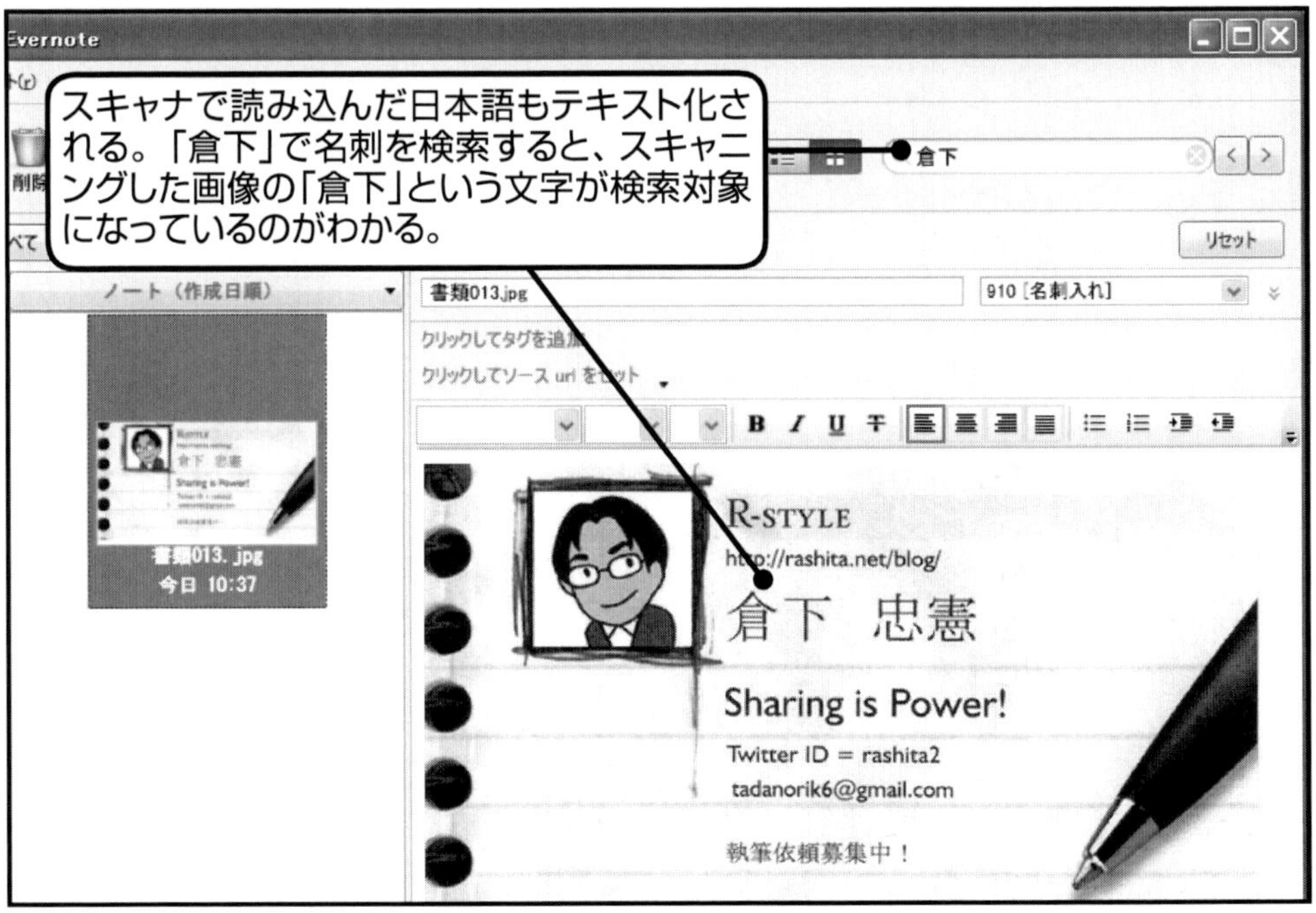

Evernoteにもこの機能が付いており、英語ならば写真の中の文字がテキストとして認識されていました。たとえばワインのラベルや名刺などを写真で撮影しておけば、その文字で検索するとそのノートが見つかるわけです。

２０１０年６月に日本の法人を立ち上げたEvernoteは日本語対応を行っており、すでに日本語でも徐々に文字認識されるようになっています。この機能が完全になれば「山田」と書かれた名刺を写真で撮影してEvernoteに入れておけば「山田」という言葉で検索した時に、その名刺も検索結果として表示されるようになります。今のところ完璧とはいえませんが、ほぼ同様の事ができるようになっています。

スキャナの画像を効率的に取り込む

Evernoteと連携する機能を持たないスキャナでは、取り込んだファイルはＰＣ上に保存されます。そのファイルをEvernoteにドラッグ＆ドロップすれば、ファイルを取り込む事ができます。

スキャンする度にその作業をするのが面倒ならば、「フォルダのインポート」を利用します。これは指定したフォルダに新しくファイルが作られると自動的に

Evernoteにそれを取り込んだノートを作る機能です。スキャナの保存フォルダを指定しておけば、書類を取り込むごとに、自動的にノートが作られていくのでかなり手間が省けます。

◉ [フォルダーをインポート]ダイアログボックス

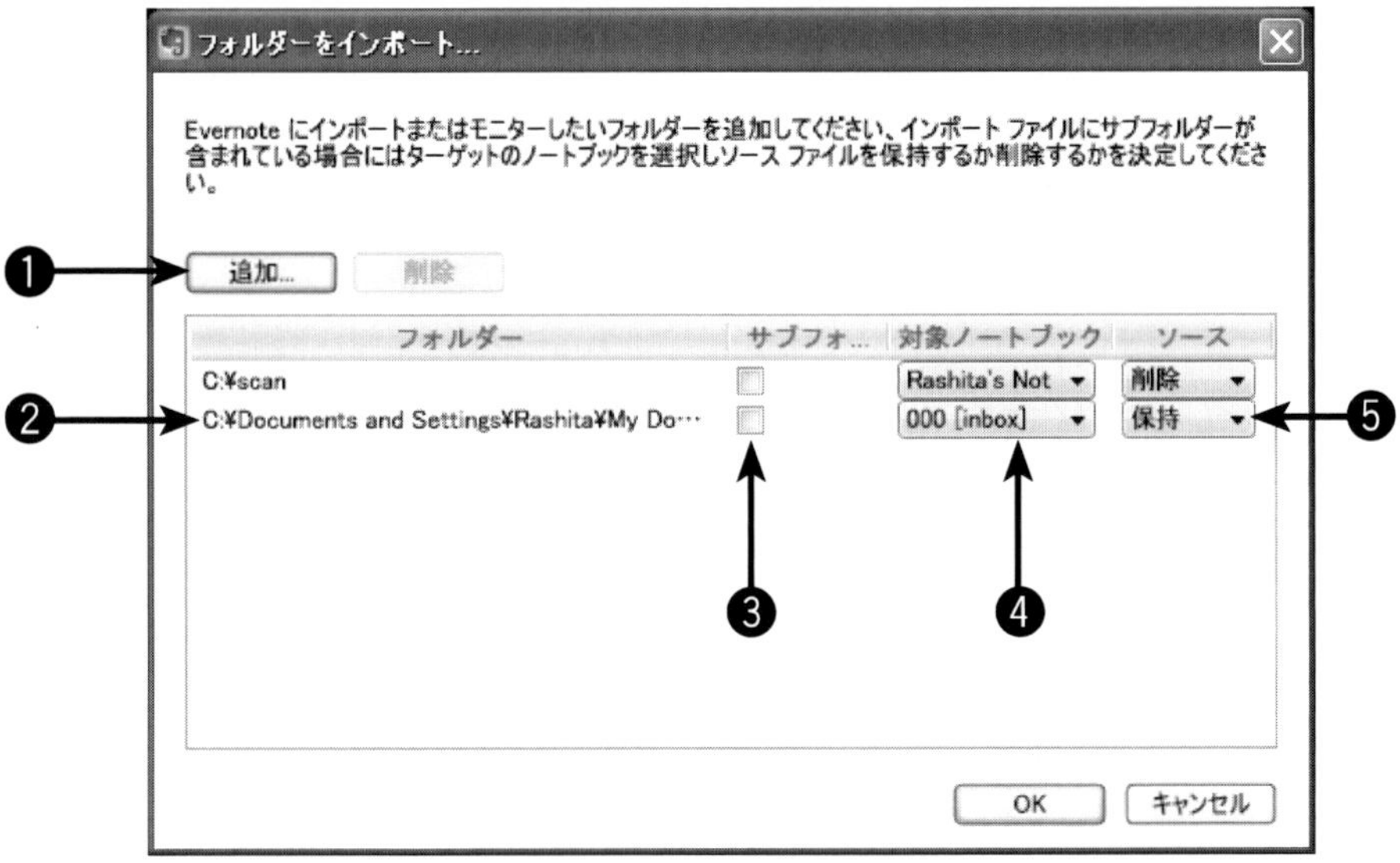

❶[追加]ボタンはインポートするフォルダを指定します。[削除]ボタンは❷のリストから削除するフォルダを選択しクリックすると、その設定が削除されます。

❷インポートするフォルダが表示されます。

❸オンにすると指定したフォルダの下の階層にあるフォルダもインポートの対象となります。

❹インポートしたデータを保存するノートブックを指定します。

❺インポートしたファイルをフォルダから削除するかを選択します。

「フォルダーのインポート」を設定するには

「フォルダーのインポート」機能を利用すると、指定したフォルダに追加されたファイルが自動的にEvernoteの特定のノートブックに取り込まれます。設定するフォルダは複数指定できるほか、連動するノートブック、連動した後にフォルダのデータを削除するかを指定することができます（前ページ参照）。

1 メニューの選択

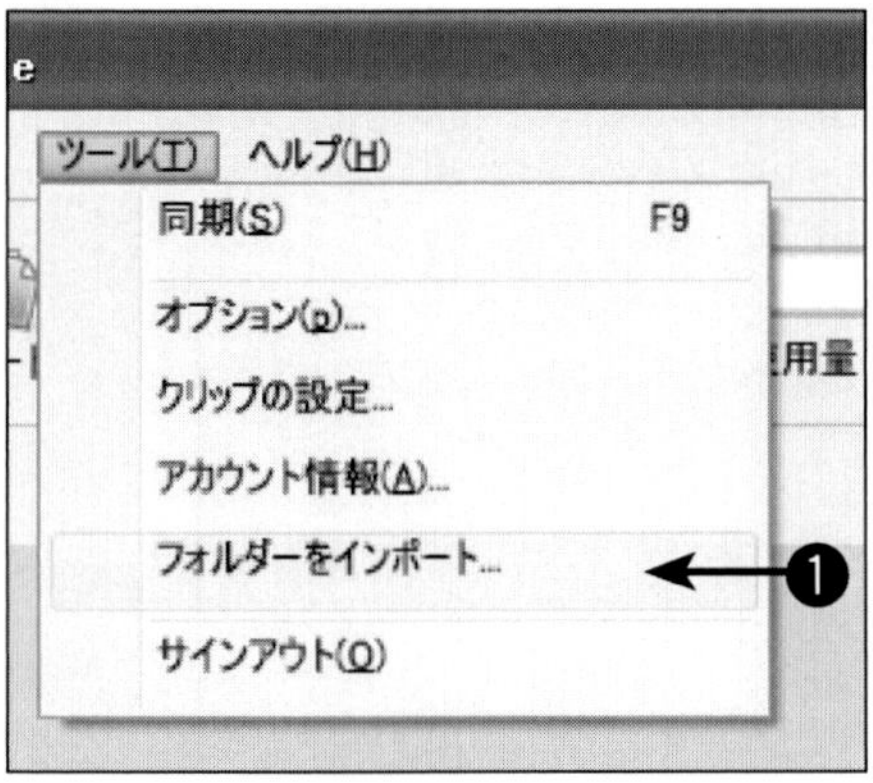

❶［ツール］メニューから［フォルダーをインポート］を選択します。

2 インポートするフォルダの追加

❷［フォルダーをインポート］ダイアログボックスが表示されるので、［追加］ボタンをクリックします。

■3 インポートするフォルダの選択

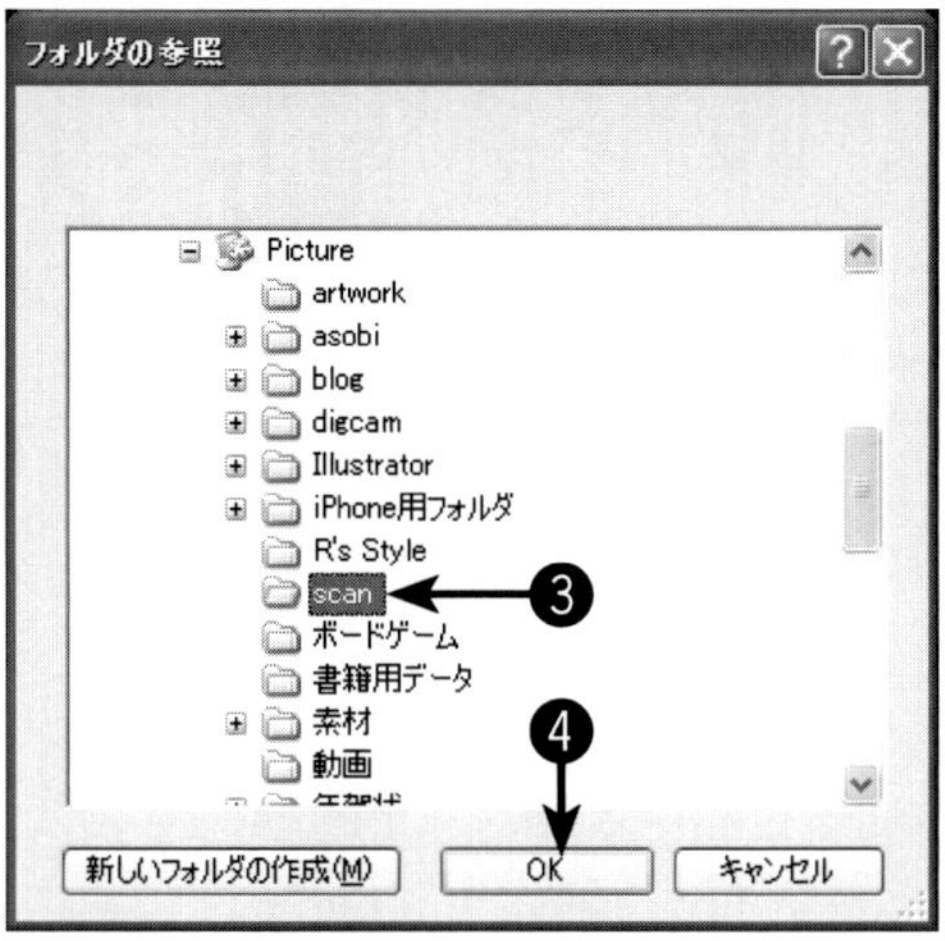

❸[フォルダの参照]ダイアログボックスが表示されるので、インポートするフォルダを選択します。
❹[OK]ボタンをクリックします。

■4 設定の確認

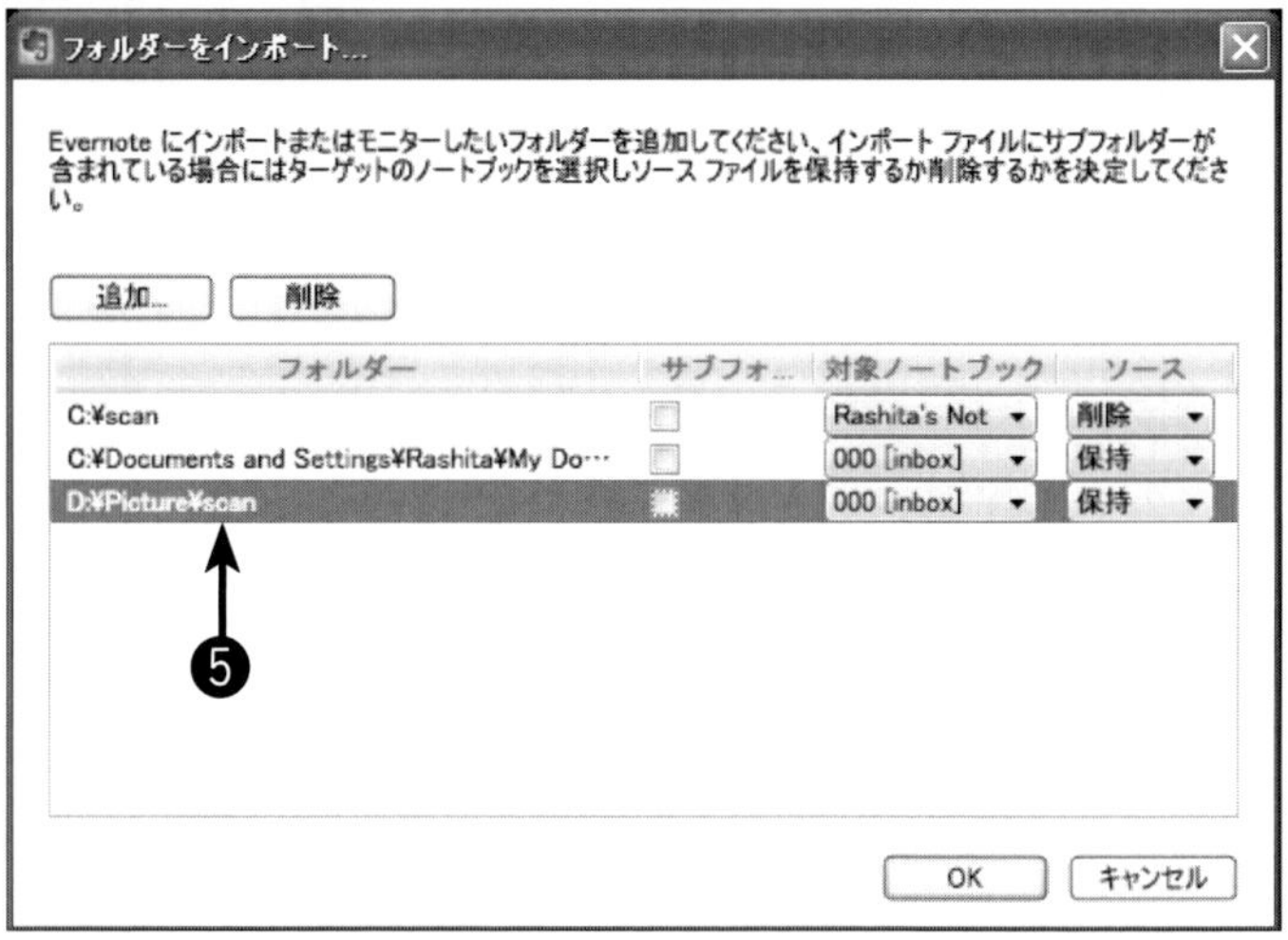

❺指定したフォルダがリストに追加されます。

15

デジカメを使って書類を自動的に取り込む

スキャナを使わずに紙の書類を取り込む方法もあります。デジカメを使い書類を撮影してデジタル化を行い、それを**Evernote**に送信する事でノートにする事ができます。スキャナで取り込んだ時に比べて画像の鮮明度は落ちますが、簡単な内容ならばこれでも充分に対応できます。

デジカメを使う場合は撮影したファイルを一度パソコンに移動させてその後**Evernote**に取り込む作業が必要です。これが面倒な方には**Eye-Fi**カードというものがあります。

この製品はＳＤカードに無線ＬＡＮ機能が内蔵されており、撮影した画像をそのまま指定する

◉ Eye-Fiカード

サービスにアップロードしてくれるという便利グッズです。

● Eye-Fiカード

http://www.eyefi.co.jp/

指定できるサービスの中に**Evernote**があり、無線LANに繋がる環境であれば、撮影したファイルがそのまま**Evernote**に送られる仕組みを作る事ができます。また通信環境がない場所で撮影したものも、後に通信環境に繋がった段階で送信してくれる機能があります。**Eye-Fi**カードと**Evernote**の相性のよさは抜群で、紙の書類の保存だけではなく「ライフログ」と呼ばれる自分の行動の記録を取る場合にも有効に活用する事ができます。

16

iPhoneさえあればいつでもどこでもノートを作成できるようになる

iPhoneなどのスマートフォンには**Evernote**の公式アプリケーションや**Evernote**と連携するアプリケーションが用意されています。

それらのアプリケーションを使えば簡単に写真を使ったノートを作成できます。手元にスキャナやデジカメがない状況でも、**iPhone**さえあれば書類やメモをクラウドに保存しておく事が可能です。

● App Storeの「仕事効率化」の無料アプリランキング

Evernote
対応機種：iPhone
価格：無料
App Storeカテゴリ：仕事効率化
© Evernote Corporation

Evernote公式アプリケーション

EvernoteのiPhoneアプリでは簡単にノートを作成することができます。ノートはテキストだけではなく、写真やボイスメモといったものも選択可能です。

「カメラロール」は、iPhone上に保存されている写真をノートに追加できます。

「スナップショット」を選択すればカメラが起動して、写真を撮影できます。撮影した写真はそのままノートに画像として貼り付けられます。

「ボイス」を選択すれば、すぐに音声の録音がはじまります。もう一度タップすれば録音が終了して、そのデータがノートに添付されます。

これらはすべて複合的な要素です。例えばボイスメモを録音しながらテキスト入力をしたり、テキストと写真を複数枚保存したノートを作成する、といった使い方ができます。公式アプリは無料なので、まずはこのアプリでメモを取ってみるのがよいでしょう。

◉ iPhone版Evernote

DocScanner

DocScannerは**iPhone**のスキャナアプリケーションです。**Evernote**アプリケーションのスナップショットでは物足りないなと感じた場合はこのアプリケーションをお勧めします。スキャナアプリケーションとしてはかなりの高機能を備えています。

単に写真を撮影するだけでなく、取り込む部分の選択や画像の調整なども行え、書類やホワイトボードを撮影するのには最適なアプリケーションです。また、**Evernote**との連携機能もあり、スキャンしたデータをそのまま**Evernote**に送る事ができます。

● DocScanner

DocScanner
対応機種：iPhone
価格：700円
App Storeカテゴリ：仕事効率化
© Norfello Oy

DocScannerで画像を読み込むには

1 スキャンの開始

❶[スキャン]ボタンを押します。

2 カメラの起動

❷[カメラ]ボタンを押します。

3 画像の撮影

❸撮影が行われ、問題なければ[使用]ボタンを押します。

4 画像のトリミング

❹保存する範囲を指定して、[スキャン]ボタンを押します。

5 画質調整機能を起動

❺ボタンを押します。

6 画質調整機能の使用

❻画像調整をした後、[保存]ボタンを押します。

7 Evernoteへの送信

❼[Evernoteに送信]ボタンを押すと、Evernoteに送信されます。

17 EVERNOTE

携帯電話の電子メールでもノートの作成が可能

スマートフォンではない普通の携帯であっても撮影した写真は、メールを使って**Evernote**に送信する事ができます。

ノート作成用のメールアドレスを確認する

Evernoteのアカウントを作れば、ノート作成用の専用アドレスがもらえます。ここにメールを送信すれば、簡単にノートを作成する事ができます。メールアドレスは、**Evernote**のウェブ上の「マイアカウント」からアカウントのサマリー項目の中にある「**Evernote** に **Email**」で確認できます（巻末の付録参照）。

このアドレスを携帯のメールアドレスやパソコンのアドレス帳に登録しておけば、ちょっとしたメモ書きを**Evernote**に集める事ができます。

メール送信機能を使いこなす

メール送信機能で作られたノートの形式は、次のようになります。

- メールの件名→ノートのタイトル
- メールの本文→ノートの本文

携帯電話のカメラ機能で撮影した写真も添付ファイルとして送信すれば、その写真付きのノートができます。

これを使えば、とりあえずメモを紙の用紙に書いてから撮影し、そのファイルをメールでEvernoteに送るだけで、どこでどんなメモに書いても、最終的にはたった1つのポケットに入れる事

◉ ノート作成用メールアドレスの確認

SoftBank 3G 4:26
同期
メール
Evernote にメールする
evernote_wo.48fa3@m.evernote.com
連絡先に追加
あなたのコンピュータや携帯電話から、ノートや写真、音声をEvernoteのノートブックへメールで送ることができます
ノート作成用のメールアドレスは、Evernoteのシステムで自動的に設定される。
新規ノート
ノート
お気に入り
同期

◉ 携帯メールでのノート作成

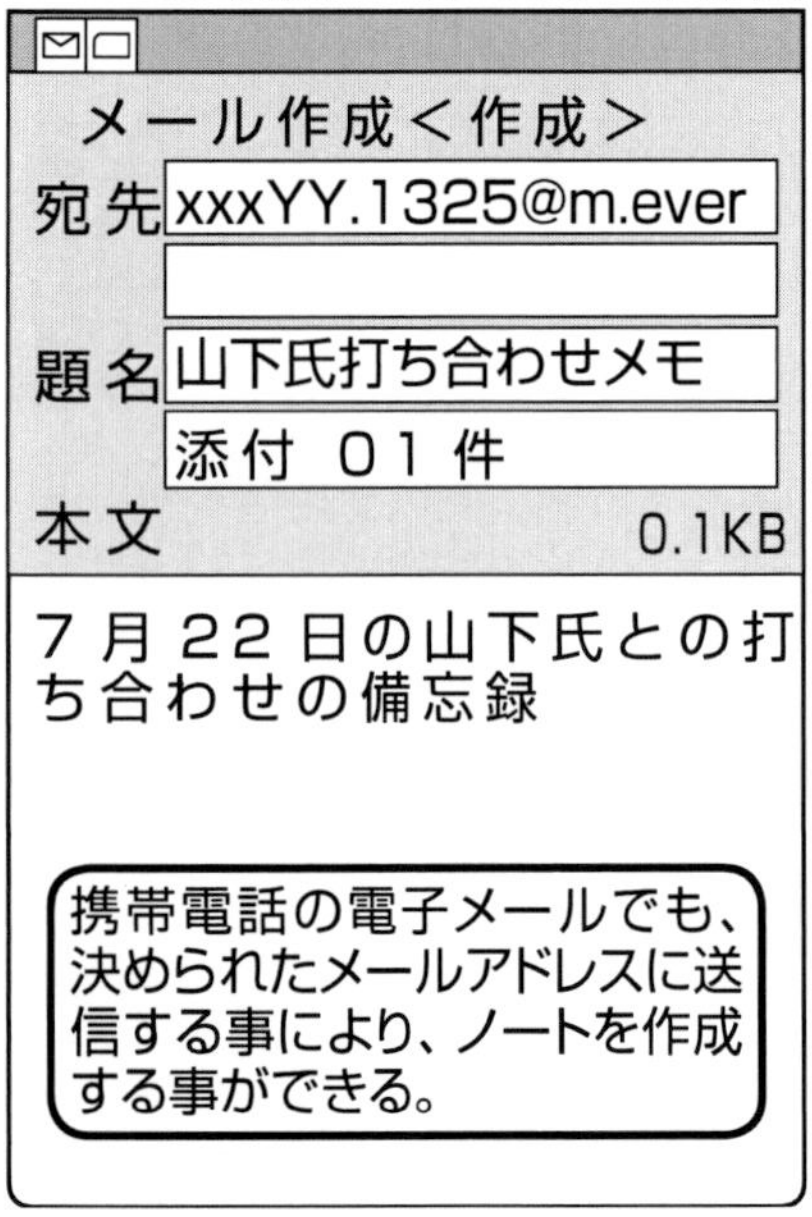
メール作成＜作成＞
宛先 xxxYY.1325@m.ever
題名 山下氏打ち合わせメモ
添付 01 件
本文 0.1KB
7月22日の山下氏との打ち合わせの備忘録
携帯電話の電子メールでも、決められたメールアドレスに送信する事により、ノートを作成する事ができる。

ができます。

スキャナ、デジカメ、スマートフォン、携帯電話。これらの機器を活用して、すぐ増えてしまう紙の書類を**Evernote**に保管しておきましょう。**Evernote**に入れておけば現物が不要なものはすぐに捨てる事ができますし、後から参照する事も容易になります。

◉ 手書き書類の写真付きノート

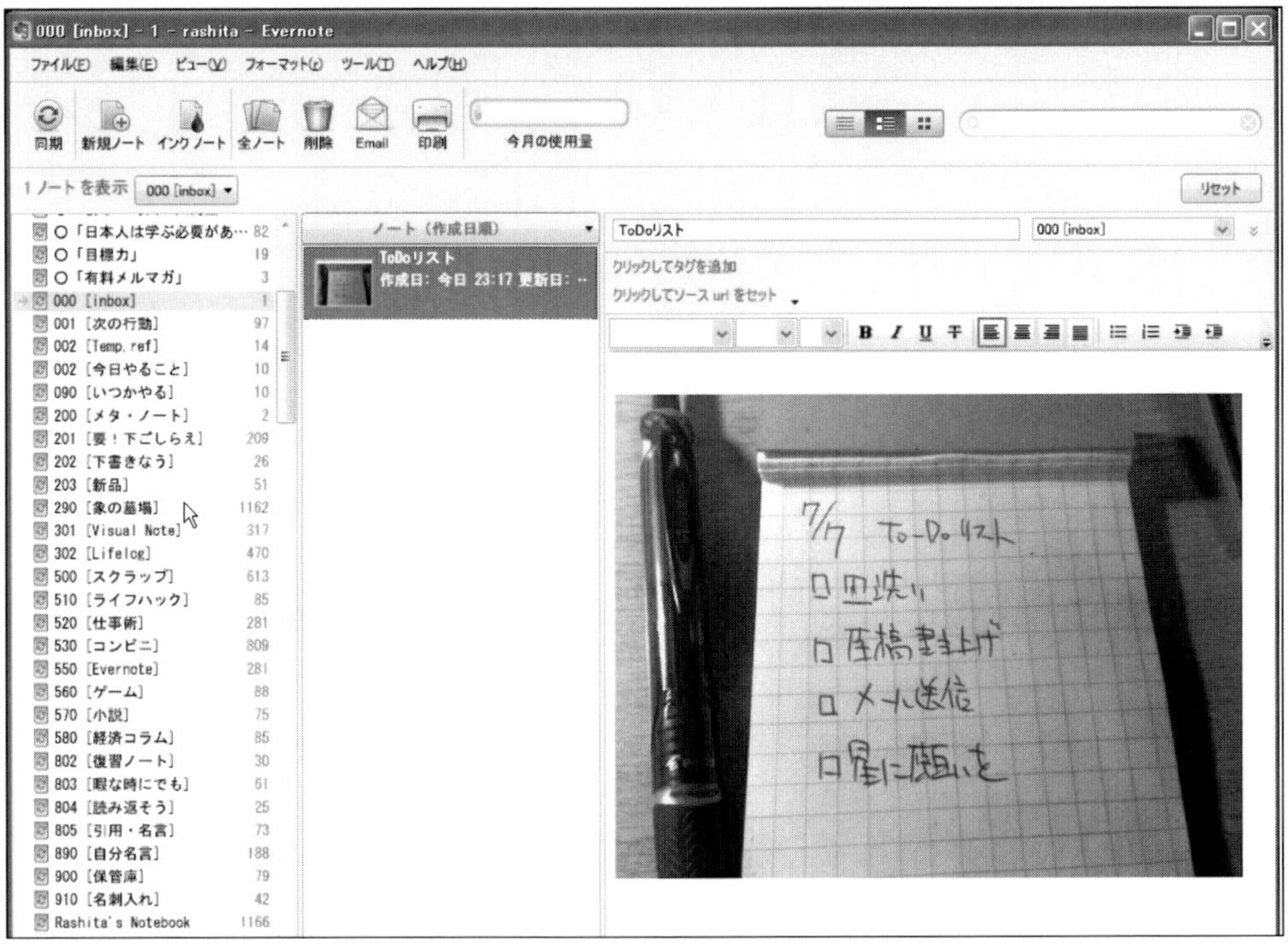

「ポケット1つ原則」を実現するためのヒント

上司からの指示をとっさにメモに書いて、後で見ようと思ったらどこに行ったかわからなくなった、なんて経験はありませんか。手軽に使える紙のメモは便利ですが、散らばってしまうのが問題です。

メモは基本的に後で見返すために取るものであり、後で見返せなければほとんど意味はなくなります。こういったメモの問題を野口悠紀雄氏は「ポケット1つ原則」で対応せよと述べています（「超」整理法、「超」手帳法、いずれも中央公論社刊）。

メモは1冊のノートに集中させておく。こうしておけば紙のメモ用紙のように「どこに置いたっけ？」という問題からは解決されます。これをさらに1歩進めて1冊のノートをEvernoteに置き換えるとさらに便利になります。

Evernoteをメモ帳代わりに使う上で有効なのがメール送信機能です。この機能を使えば、入り口は複数、到着するポケットは1つ、という理想的な環境が作れます。

どんどんメモしよう

ちょっとした思いつき、企画のネタ、誰かから聞いた面白い話、後から調べたい事などもどんどん**Evernote**に入れておきましょう。

さまざまなメモをクラウド・ポケットに一元管理しておけば紛失の心配はなくなります。紙のメモ帳と違って枚数制限も、書くスペースの制限もありません。**それが重要かどうかは気にかけず、気になった事はなんでも「とりあえず」の気持ちでEvernoteに入れておけば、後々大きな力になってくれる**事でしょう。

メモをさっと記入する「FastEver」

出先でのメモを**Evernote**に入れておくためにはスマートフォンが大変便利です。先ほど紹介した**Evernote**の**iPhone**アプリケーションでも簡単にテキストのメモを書く事ができますが、それ以外の選択肢もあります。

スピーディーに**Evernote**にノートを作るために特化した**iPhone**アプリケーションが**FastEver**です。起動するとすぐに入力画面になり、保存ボタンを押せばそれが**Evernote**に送信されます。一度使ってみるとわかりますが、**iPhone**版の**Evernote**でノートを作るよりも3秒ほど早くメモを取り始める事ができます。アイデアをメモする際にこの3秒はバカにできません。**iPhone**版の**Evernote**のテキストメモが使いにくいと感じたら一度試してみてもよいアプリケーションです。

また、**iPhone**版の**Evernote**ではできない、チェックボックス付きのノートの作成や、現在の日付時間をボタン1つで挿入する事もできます。**Evernote**のようにノートに位置情報を付ける事もできるので、アイデアを書いたノートを見返して「どんな場所でアイデアが思いつきやすいのか」を後から振り返る事もできます。

● FastEverの入力画面

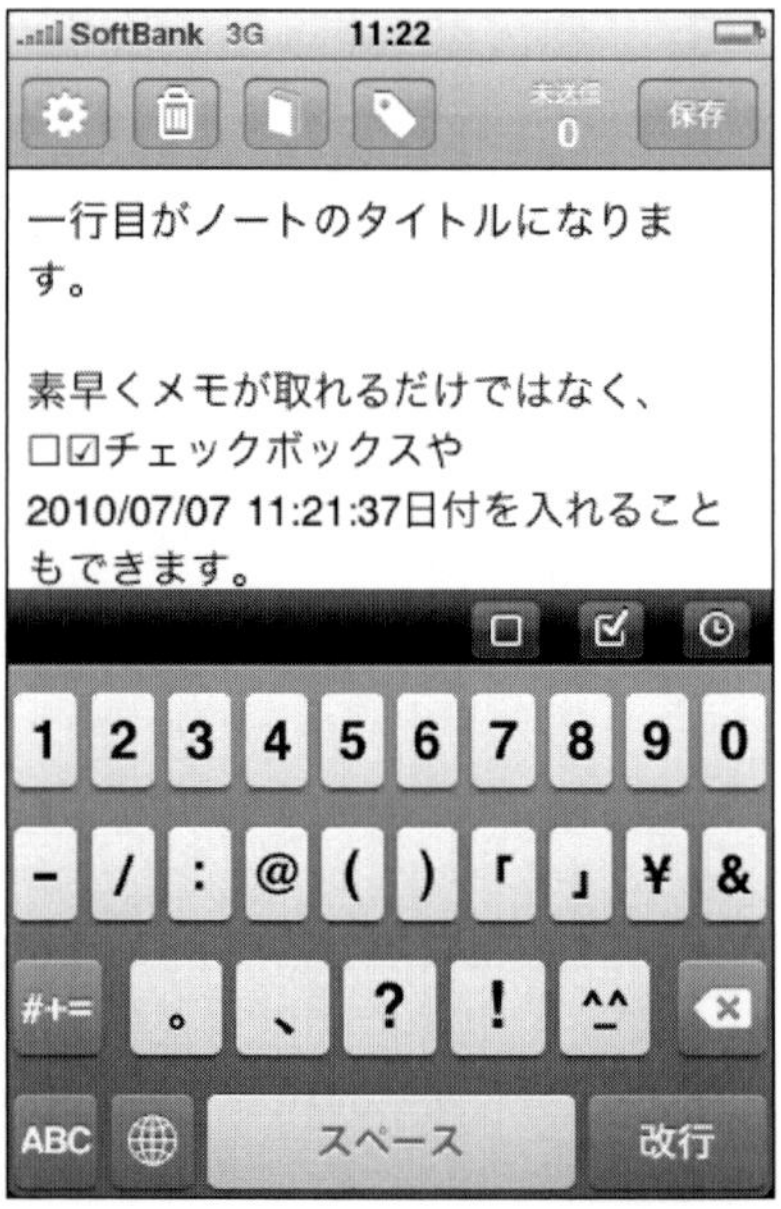

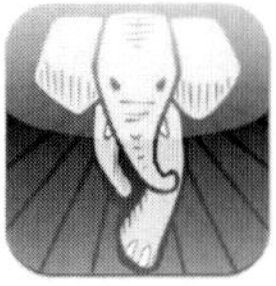

FastEver
対応機種：iPhone
価格：230円
App Storeカテゴリ：仕事効率化

19 EVERNOTE

ノートブックとタグで取り込んだ情報を整理する

これまでは「情報を取り込む事」についての説明でしたが、取り込んだ後についても少し説明しておきます。

Evernoteには大きく分けて3つの要素があります。データを保存してある「ノート」、そのノートを入れておく「ノートブック」、そしてノートにさまざまな情報を付け加える「タグ」です。それぞれの機能についてみてみましょう。

「ノート」は情報保存の最小単位

情報の基本単位がノートです。テキスト、画像、音声、ＰＤＦなどを扱う事ができ、それぞれをミックスさせたノートを作る事もできます。一種のマルチメディア・ノートと呼んでよいでしょう。

テキストも一般的なプレーンテキスト以外に、リッチテキスト（**Word**のようなワープロソフトで作成する書式付きの保存形式)の入力もできますし、表組やチェックボックスなどの追加も簡単です。

どのようにノートを使うべきなのかというルールはありませんが、ノートブックやタグでの分類を考えると1つのノートは1つのトピックにまとめた方がよいでしょう。このあたりは「情報カード」の使い方に通じるものがあります(情報カードについては、梅棹忠夫著「知的生産の技術」を参照)。

「ノートブック」で「ノート」をカテゴライズする

ノートブックは複数のノートを入れておく箱のようなものです。作成数の上限はありませんが、同じ名前のノートブックを作る事はできません。

作成したノートはどこかのノートブックに入る事になります。パソコンのフォルダとファイルの関係に似ていますが、**Evernote**のノートブックでは階層構造を作る事(ノートブックの中にノートブックを作る事)はできません。

また「既定のノートブック」を1つだけ指定する事ができます(143ページ参

照)。メールなどで送られてきたノートはこのノートブックに入ります。

「タグ」で「ノート」に情報を付加する

タグは、ノートに付け加える情報です。荷札をイメージしてもらうとよいかもしれません。タグもノートブックと同様にいくらでも作る事ができますし、1つのノートに対していくつでもタグを付ける事ができます。また、タグはノートブックと違い階層構造を作る事ができます。ただし、ノートブックと同様に、同一の名前のタグを2つ以上作る事はできません。

機能としては次ページの図のような感

「ノートブック」でノートを分類する

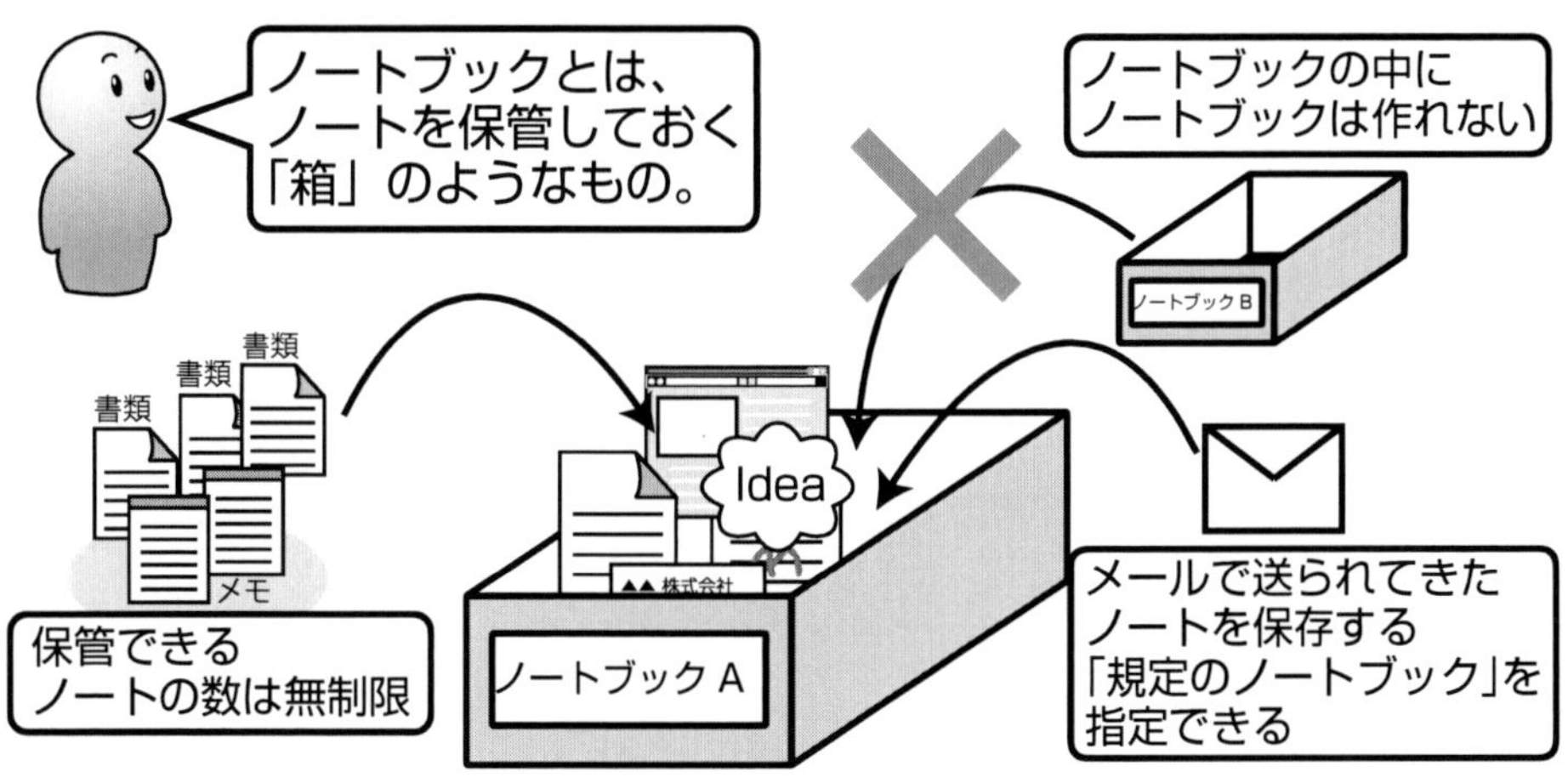
ノートブックとは、
ノートを保管しておく
「箱」のようなもの。
ノートブックの中に
ノートブックは作れない
ノートブックB
書類
書類
書類
メモ
Idea
▲▲株式会社
ノートブックA
保管できる
ノートの数は無制限
メールで送られてきた
ノートを保存する
「規定のノートブック」を
指定できる

じです。それぞれについて明確な使い方は決まっていません。運用方法についてはは使う人の裁量に任されています。それが**Evernote**の自由度の高さでもあり、使い始めた人が困る理由でもあります。

整理方法の実際例は次章に紹介するので、そちらを参考にして自分なりの運用方法を見つけ出してください。

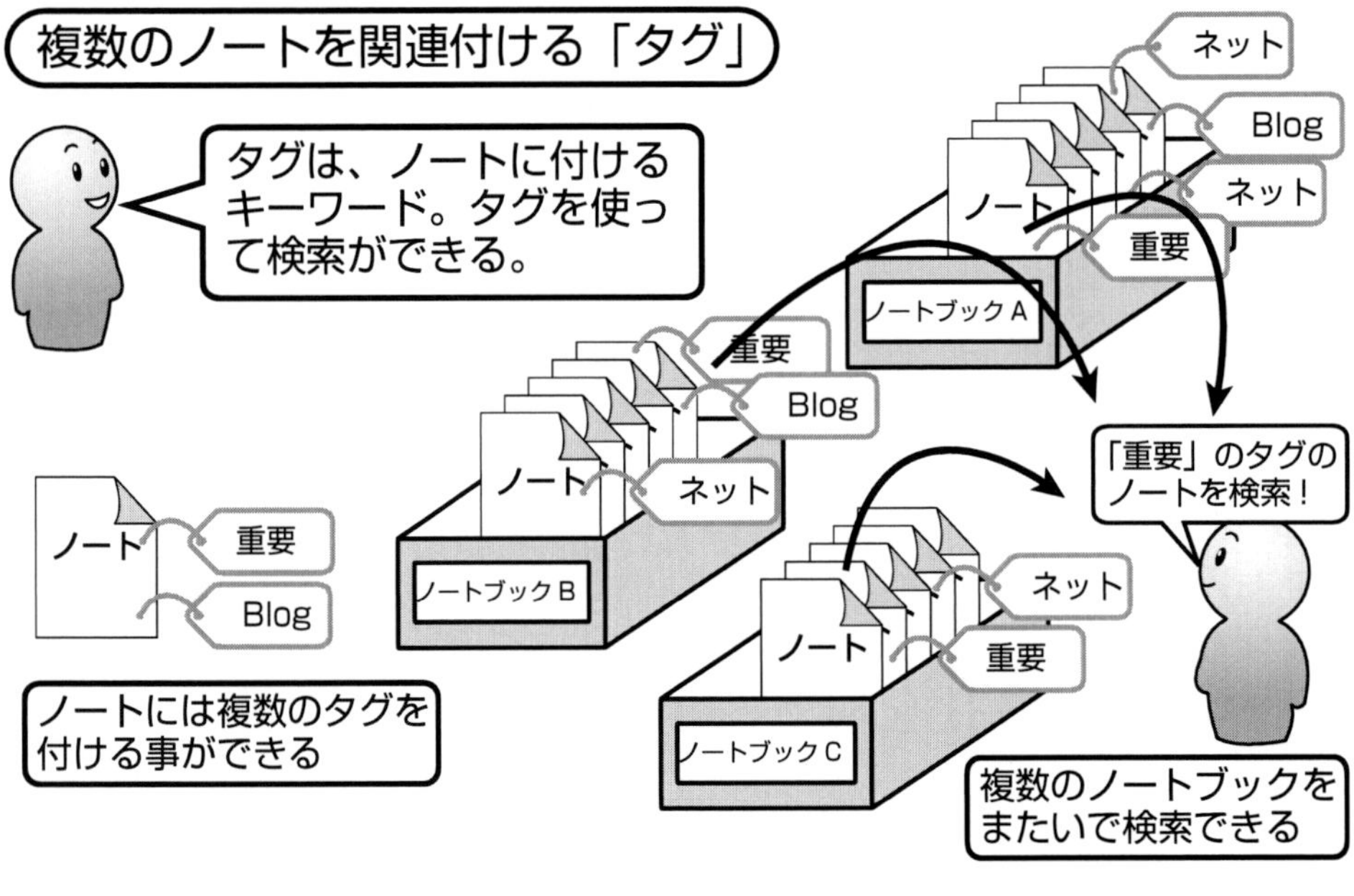

ノートにタグを設定するには

1 タグの設定の開始

❶ノート作成画面の[クリックしてタグを追加]ボタンをクリックします。

2 タグ名の入力

❷ノート作成画面の[クリックしてタグを追加]ボタンをクリックし、[Enter]キーを押します。

3 タグの設定の完了

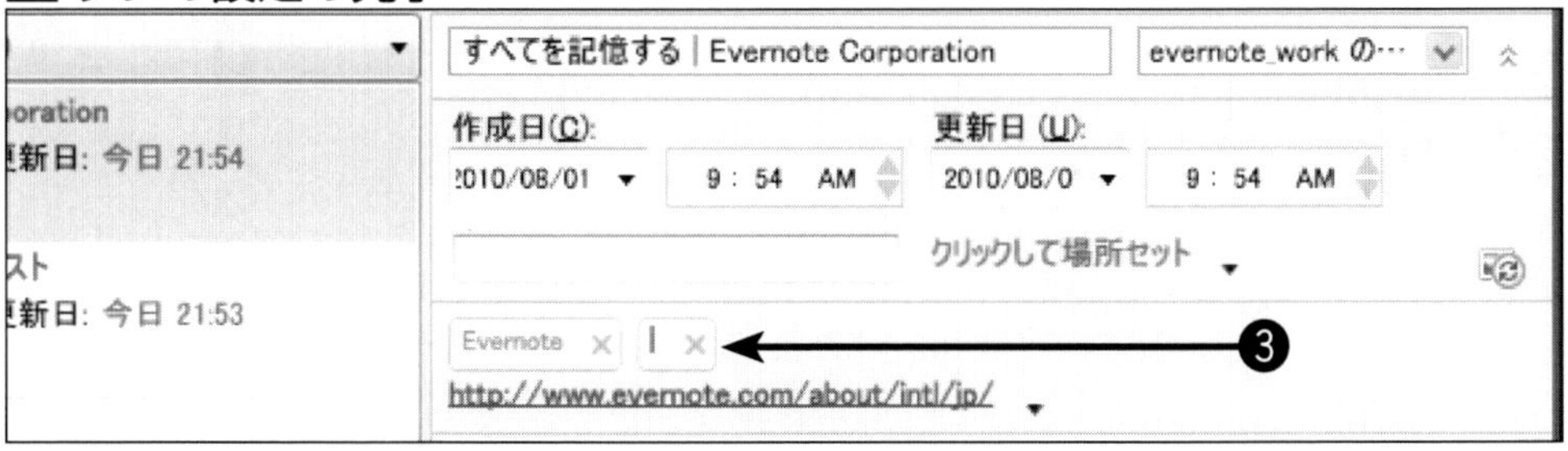

❸タグが設定され、次のタグが入力可能となります。なにも入力せずに[Enter]キーを押すとタグの設定が終了します。

20 何でも情報を読み込んで「持ち運べるオフィス」を実現する

まずこの章ではインプットとしての**Evernote**の使い方に焦点を当ててみました。使い始めた**Evernote**は空っぽの箱です。そこにさまざまなものを詰めていってこそ、価値が生まれてきます。この章で取り上げた使い方は、次の3つをクラウド上に作る、というものです。

- スクラップ帳
- 書類ファイリング
- メモ帳

クラウド上にこういった情報を一元化して集めておく事には次の3つのメリットがあります。

❶ポケットを1つにできる
❷デジタルデータとして管理できる
❸さまざまなデバイスから確認・編集できる

ポケットを1つにできる

セクション18で紹介した「ポケット1つの原則」ですが、これは情報の紛失を防ぐ目的があります。また、ポケットが1つしかなければ「入れる時」も「探す時」も場所が固定されます。

これにより「これはどこに保存しておこうか」「あれ、どこにあったっけ?」という生産性に直接関係しない事を考えなくて済むようになります。まずこういった煩わしさからの解放がメリットの1点目です。

デジタルデータとして管理できる

もともとデジタルのデータだけではなく、紙の書類や雑誌の切り抜きというものもスキャンやカメラで撮影という処理を経る事でデジタルデータとして**Evernote**に保存されます。書類を保存する場所は物理的な制約を受けますが、毎月アップロード上限が更新される**Evernote**にはその心配はありません。

また、1年前の資料でも10年前の資料でも**Evernote**上では関係がありません。蓄積されたデータは探せばすぐに見つかります。アナログで管理していたならば死滅していただろう情報やデータを活用する事ができます。こういった保管場所や時間という物理的な制約からの解放がメリットの2点目です。

さまざまなデバイスから確認・編集できる

クラウドサービスの特徴はデバイスを選ばない事です。**Evernote**はさまざまな機器に向けて専用のアプリケーションを提供しています。また、ウェブブラウザからでも自分のすべてのノートにアクセスできるので、ネットカフェのパソコンからもアクセスできます。

EvernoteはノートＰＣやスマートフォンあるいは**iPad**などの、「携帯」する端末との相性が最高です。オフィスや自宅、外出先という場所を問わずに手持ちのすべての情報にアクセスできるようになります。隙間時間に仕事をしたり、出先で仕事をしたりと忙しく動き回るビジネスパーソンにとっては「持ち運べるオフィス」のような存在です。こういった機器や情報が置いてある場所による制約から解放されるのがメリットの3点目です。

この3つのメリットを意識して、情報を**Evernote**にどんどんと詰め込んでいきましょう。

Column

クラウドベースのスキャンソフト

ScanDrop

一般的なスキャナはScanSnapのようにEvernoteとの連携機能は付いていません。そういった場合でも、「ScanDrop」を使えば簡単にEvernoteにスキャンしたファイルを送ることができます。

「ScanDrop」は、スキャナで読み込んだファイルをEvernoteやGoogleDocsにネットを使ってアップロードできるデスクトップ・アプリケーションです。現在はWIndows版のみで、Windows 7/Vista/XPに対応しています。2010年7月現在ではアプリは無料でダウンロードすることができます。TWAIN対応のスキャナならば問題なくこのアプリを使うことができるようです。

アプリケーションのダウンロード及びプリンタの対応は以下のサイトから確認できます。

URL http://www.officedrop.com/scandrop-scanning-software

スキャンしたファイルをPDFで保存し、ファイルの回転や順番を並び替えたりすることもできます。Evernoteを使う上で気になる、ノートブックの指定、タグの指定も行うことができるのでなかなか便利です。

スキャナを使って雑誌をEvernoteに入れる際に、複数のページを1枚のPDFにまとめたいという時に試してみると良いかも知れませんね。

● ScanDropの画面

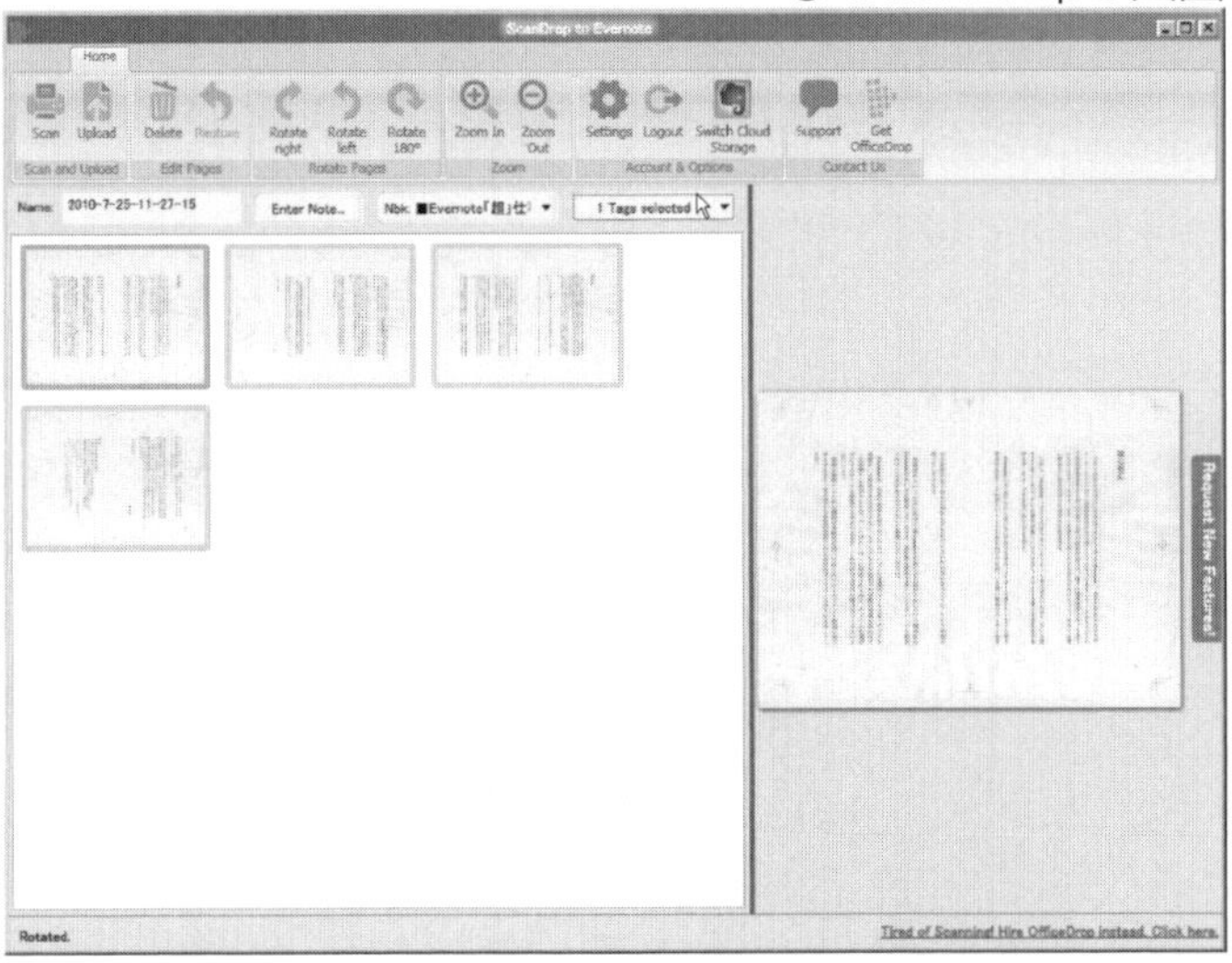

CHAPTER

3

「知のデータベース」から縦横無尽に情報を引き出そう

21 EVERNOTE

Evernoteで「情報を活かす」ための整理と検索の考え方

前章では情報のインプットについて紹介しました。しかし、情報を集めただけでは意味はありません。活用してこその情報です。

活用するために必要となる情報整理は最小限で

情報収集と情報整理はワンセットです。紙の書類などは整理をしておかないと、後で見付けにくくなってしまいます。しかし、整理そのものに時間ばかり使うのはあまり生産的とはいえません。いつの間にか情報を活用する事ではなく、整理する事が目的になってしまう恐れもあります。

Evernoteを使う上でも整理作業は必要ですが、紙のファイリングのような手間は必要ありません。また、始めから細かい枠組みを作る必要もありません。かなり多彩な検索条件があるので、柔軟に情報を整理する事ができます。極端な言い方をすれ

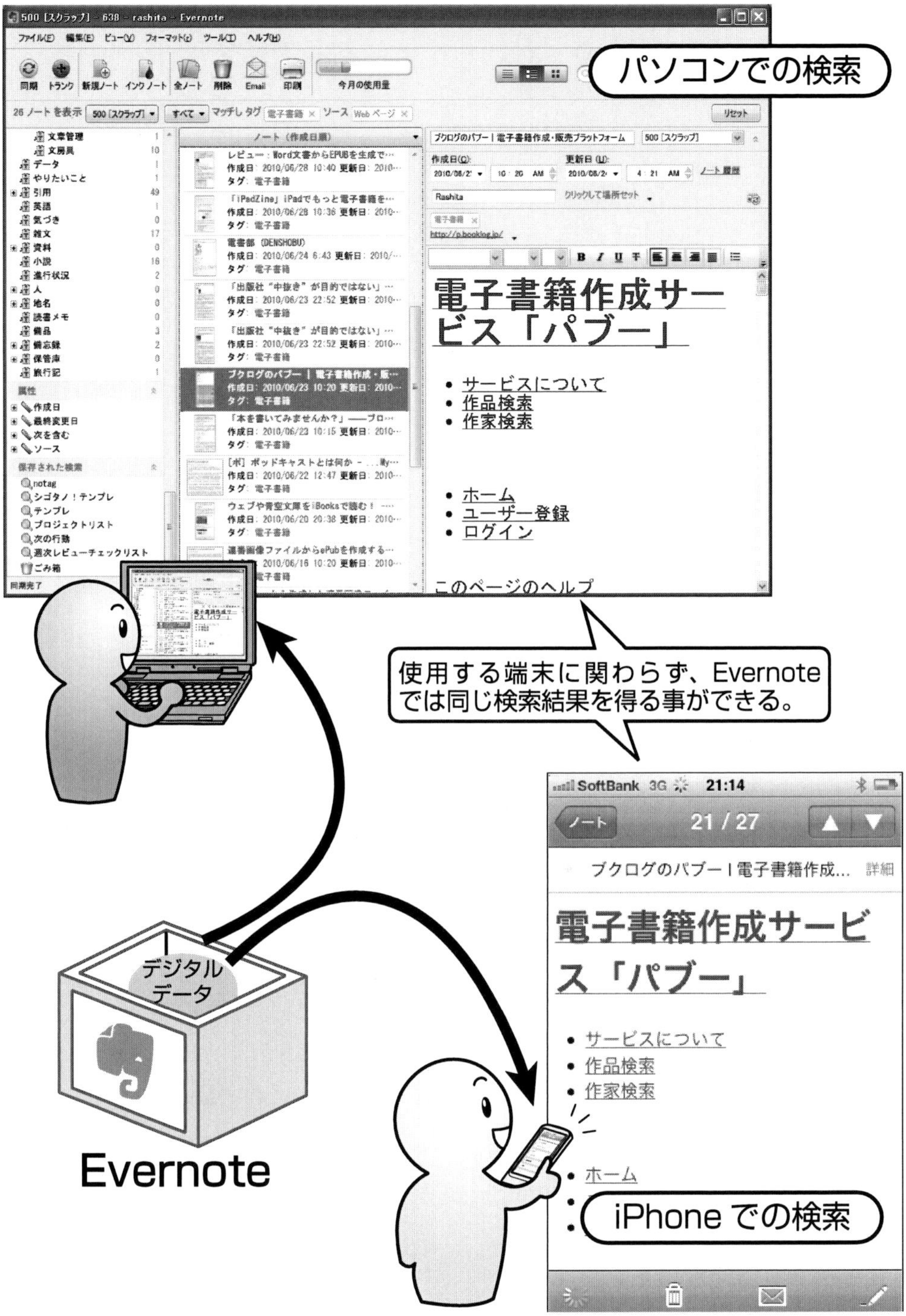
パソコンでの検索
電子書籍作成サービス「パブー」
サービスについて
作品検索
作家検索
ホーム
ユーザー登録
ログイン
使用する端末に関わらず、Evernoteでは同じ検索結果を得る事ができる。
デジタルデータ
Evernote
SoftBank 3G 21:14
ノート
21 / 27
ブクログのパブー | 電子書籍作成… 詳細
電子書籍作成サービス「パブー」
サービスについて
作品検索
作家検索
ホーム
iPhoneでの検索

ば、ほとんど分類しなくても情報を見つけ出す事ができます。

Evernoteの検索

Evernoteにはノートブック、タグという基本の分類とさまざまな条件による検索があります。これらを使いこなせば、細かい分類をする必要がなくなるだけでなく、紙のファイリングでは実現できなかった情報管理を行う事ができます。

発想のアイデア帳としてEvernoteを活用する

仕事をする上では情報を参照するだけではなく、新しいアイデアを考える必要もあります。多彩な情報が集まるEvernoteはアイデアのネタ帳としても使う事ができます。短期のアイデア発想から、長期のアイデア育成まで幅広い使い方ができます。

本章では、まずEvernoteを使い始めて最初にぶつかるノートブックとタグの使い分けについて紹介し、次に検索に関係する機能を解説します。最後にアイデアを生み出すためのテクニックについて紹介していきます。

22 EVERNOTE

実践的で役立つ整理の実例

仕事で使う上で役立ちそうな3つのノートブックとタグの使い方を紹介します。

整理事例① プロジェクトをノートブックで管理

たとえば、現在進めているプロジェクトが4つあったとします。それぞれに合わせてノートブックを作る、というのがこのタイプの使い方です。

そのプロジェクトに関係する情報ならば、なんでもそのノートブックに入れて管理するという方法です。紙の書類、会議

◉ プロジェクトをノートブックで管理

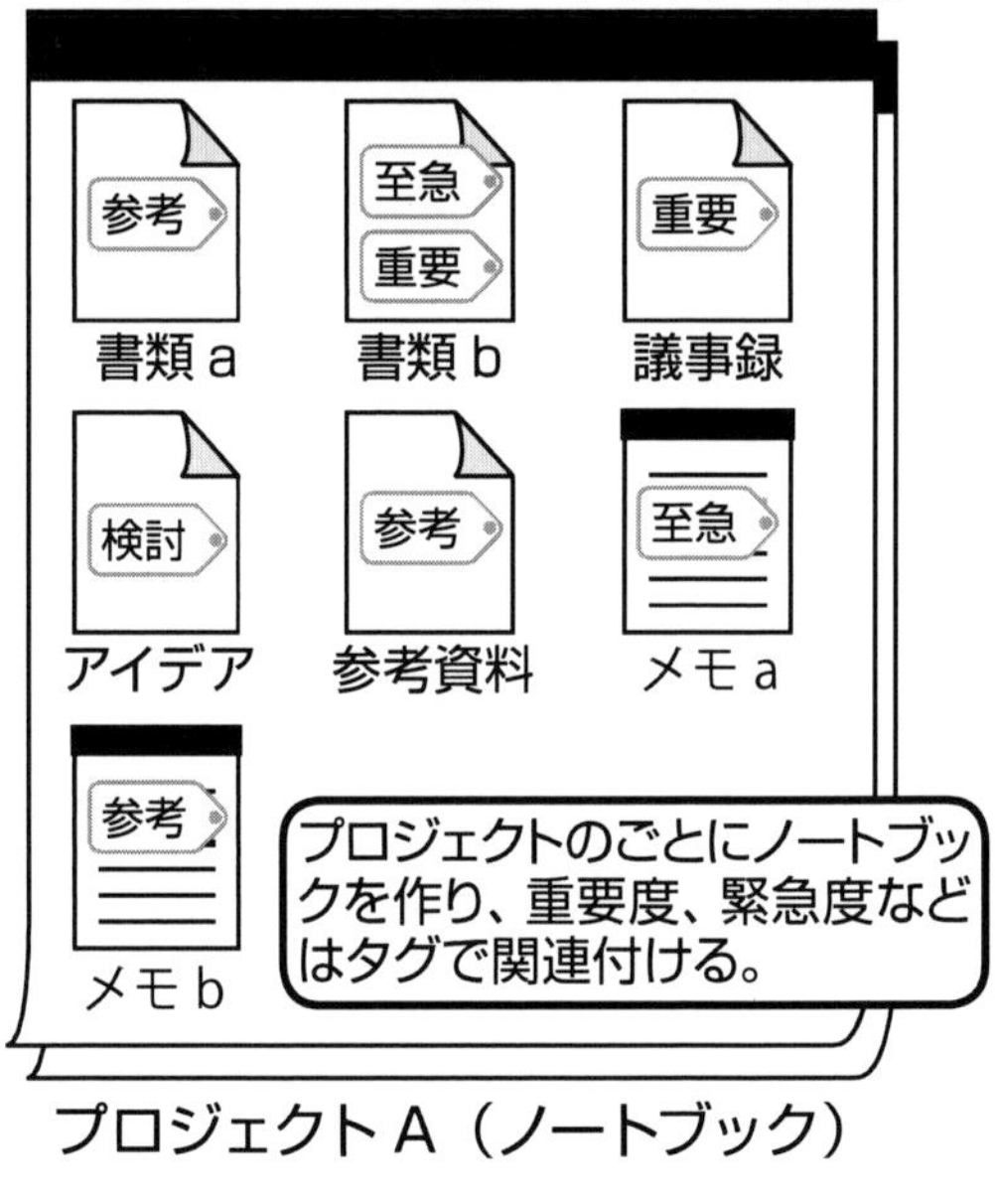

の議事録、企画のアイデア、参考になりそうな資料、やりとりしたメールなどをすべてプロジェクトのノートブックに入れていきます。自分がやるべきタスクがあるならば、チェックボックスを使ってタスクリストを作って入れておいてもよいでしょう。そのノートブックを見れば、すべての情報にアクセスできるという安心感を得られるとともに、いちいち資料を探し回る手間からも解放されます。

タグは緊急度、重要度、締め切りの日付などが考えられます。たとえば

- プロジェクトA（ノートブック）の至急にやるべき事（タグ）
- プロジェクトB（ノートブック）の検討したい事（タグ）

という感じで、情報を探す事ができます。

整理事例②　期限や状態をノートブックで管理

この使い方の場合は、仕事の期限や書類の状態で管理します。

たとえば「今週中」というノートブックを作り、今週に提出しなければならない書類や考えなければならないテーマについての情報を集めていきます。仕事が1日単

位ならば「今日中」というノートブックでもよいでしょう。

それ以外に「連絡待ち」「要検討」などのノートブックが考えられます。作業を終えたら「処理済み」のノートブックに移動します。

このやり方の場合、タグはプロジェクト名になります。期限のあるプロジェクトの場合は「100701プロジェクト名」という感じで締め切りの日付を頭に付けておくと、タグが締め切り順で整列するので見やすくなります。

整理事例③　関心事の情報集めに

仕事のプロジェクトに関係しないような情報収集をする事も考えられます。その場合

◉ 期限や状態をノートブックで管理

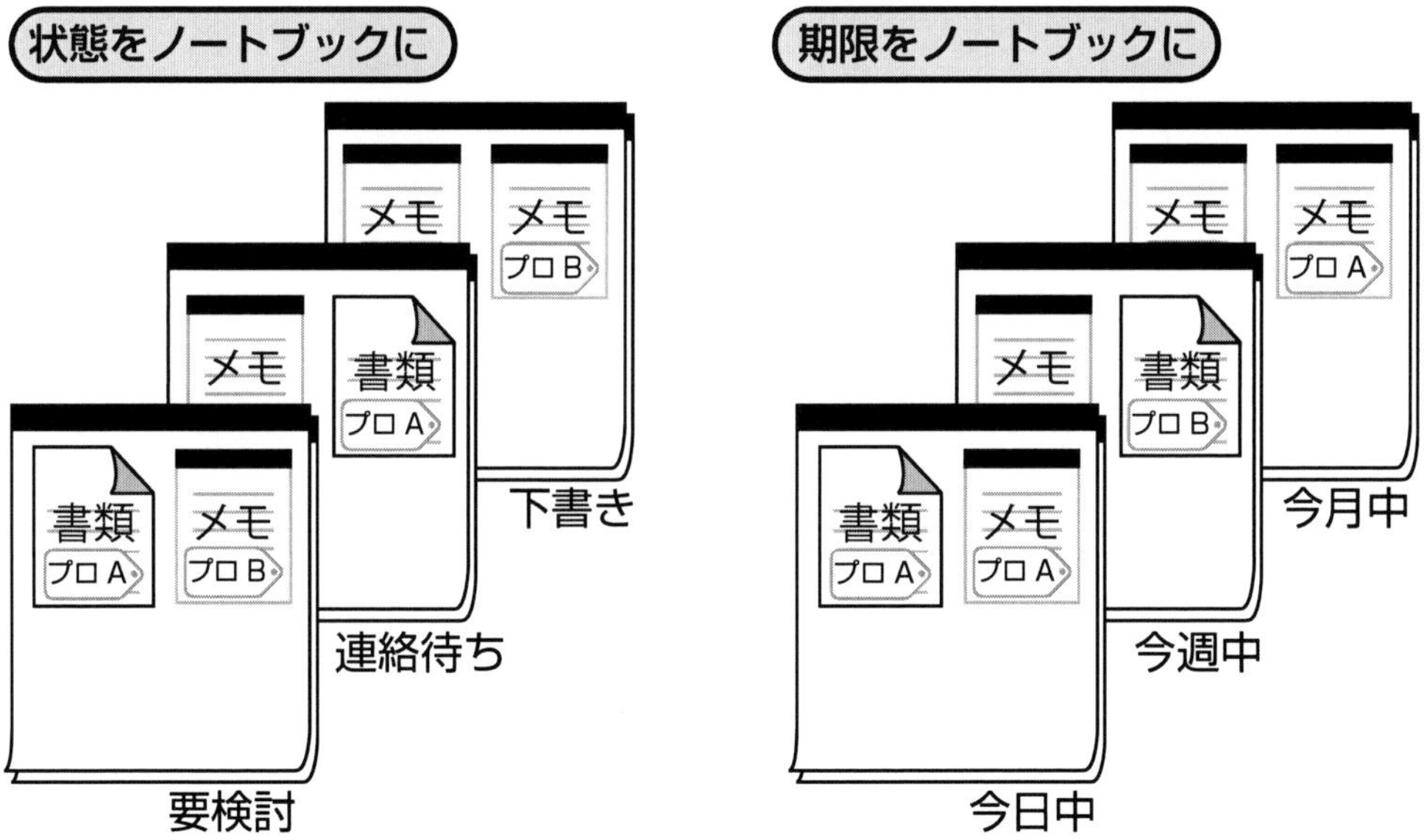

は自分が強く関心を持っている分類のノートブックを作っておくと便利です。

たとえば、「**Twitter**」に関する情報を集めていたとすれば、そのまま「**Twitter**」というノートブックを作っておきます。ウェブの情報や雑誌の切り抜きなど集めた情報をそのノートブックに入れて、「**iPhone**アプリケーション」「マーケティング」「実際例」「面白つぶやき」というようなキーワードをタグとして付けておきます。

情報を集めていくうちに、そのノートブックが自分専用の「**Twitter**」専門誌のようになってきます。後はタグで目次を引くように情報を見ていく事ができます。

◉ チェックボックスの入力

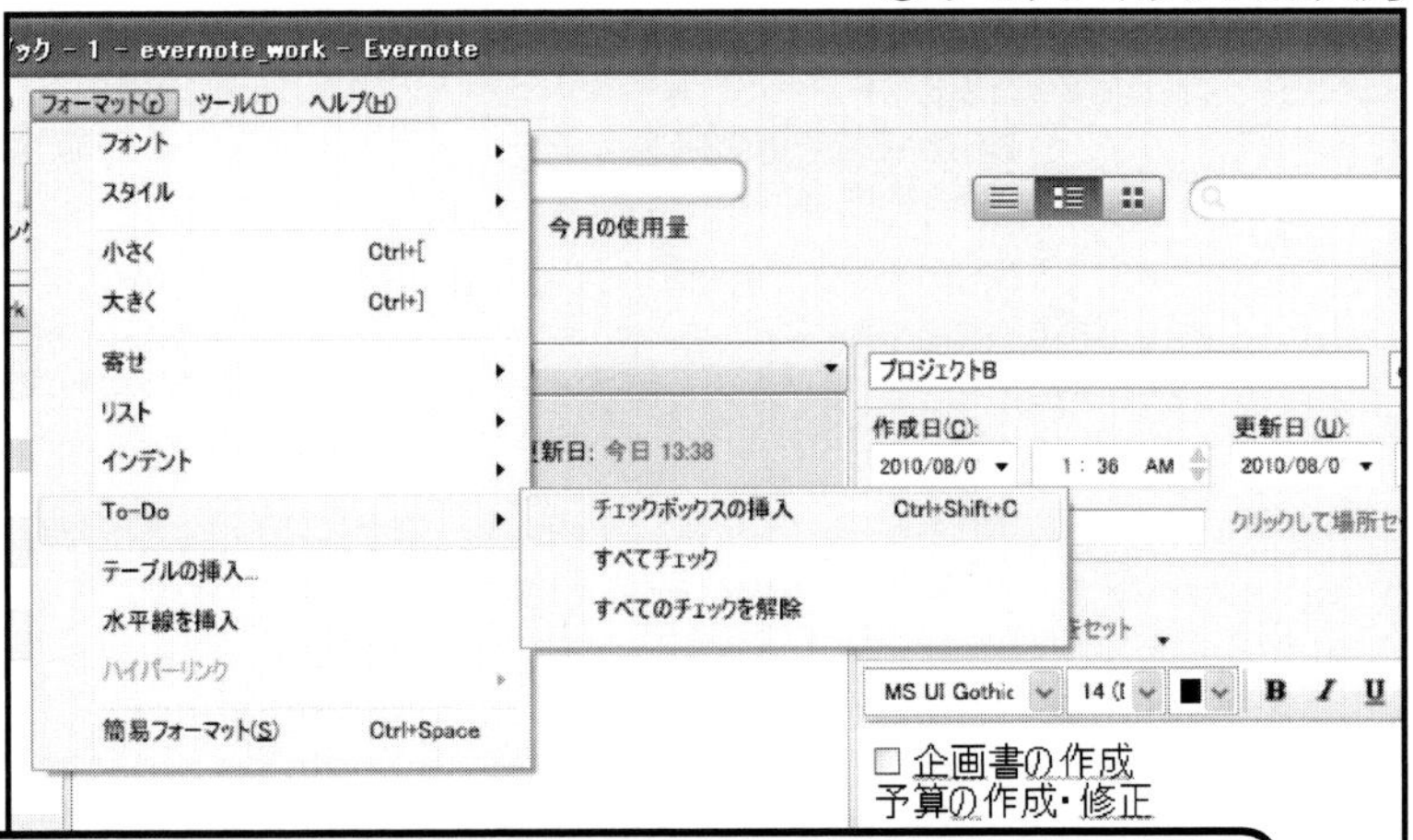

To-doなどを管理する上で欠かせない機能がノートに作成するチェックボックス。チェックボックスの挿入は、挿入したい場所にカーソルを移動し、[フォーマット]メニューから[To-Do][チェックボックスの挿入]を選択する。

Evernote検索の基本技① 全文検索をするには

Evernoteにはさまざまな検索機能が用意されており、情報を自由に引き出すことができます。ここでは基本的な検索機能についてまとめておくことにします。

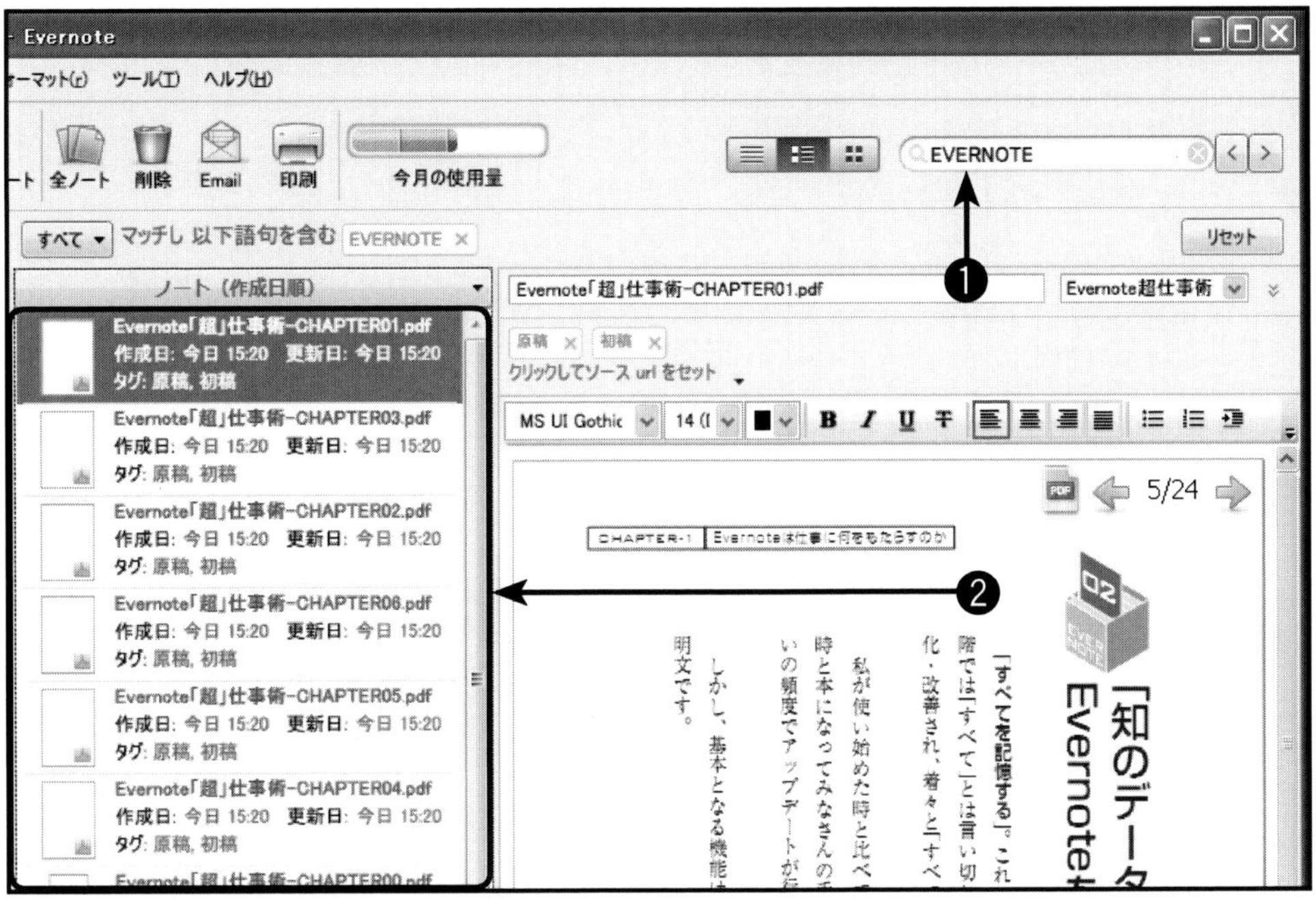

❶検索したい文字列を入力します
❷ノートの中身が検索され、文字列が含まれるノートが一覧で表示されます。

全文検索では、入力した文字列が含まれるノートがリストアップされます。テキストのデータのほかにも、PDFやOCRで認識された文字列も検索対象となります。

Evernote検索の基本技② ノートブックで検索するには

ノートの分類を行う「ノートブック」を指定した検索です。Evernoteで情報を管理する上で、最もベーシックなノートの検索方法と言えます。

また、他の検索項目と組み合わせて使われることも多い検索方法です。

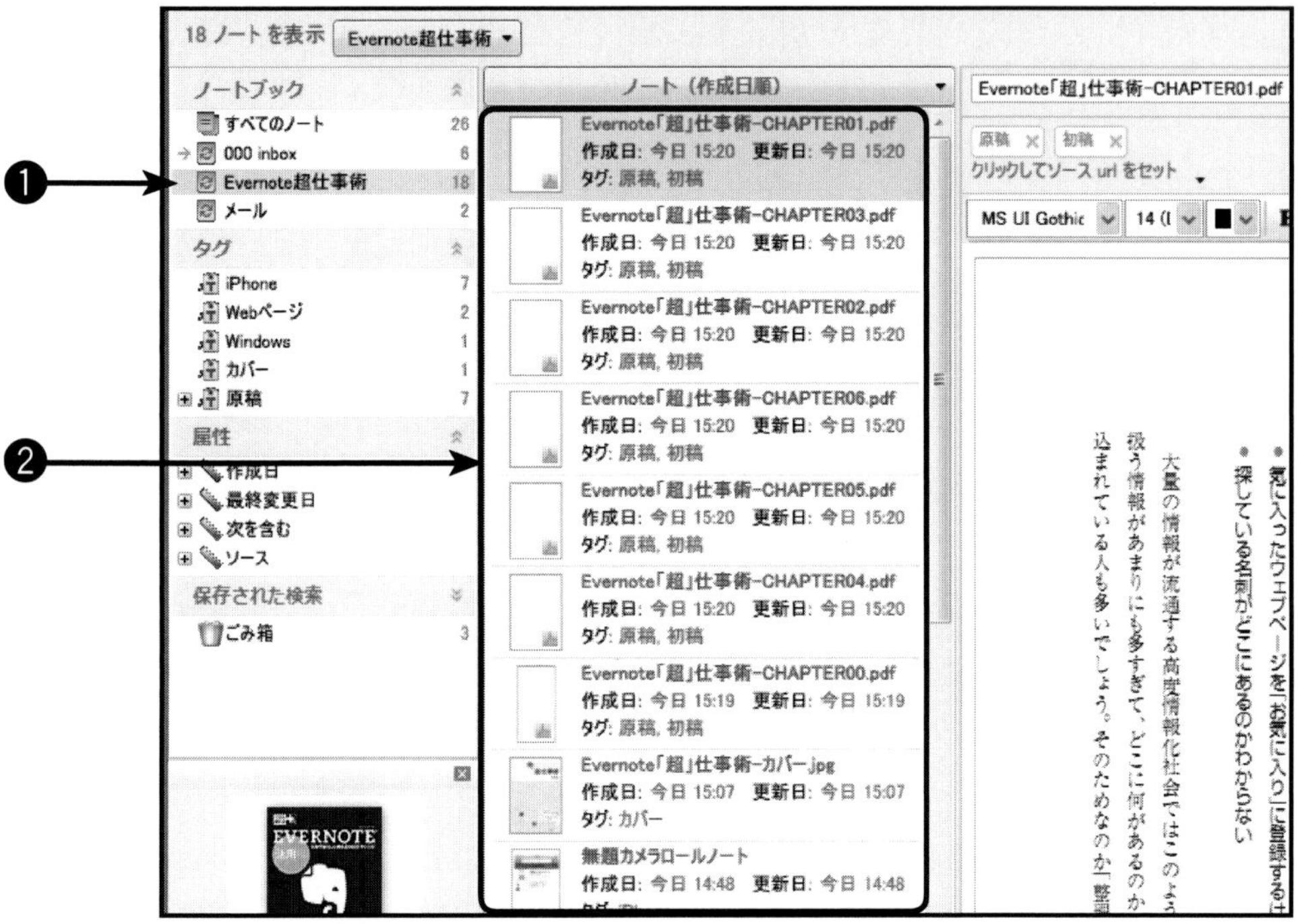

❶［ノートブック］の中から検索したいノートブックを選択します。
❷ノートブックに含まれるノートが一覧で表示されます。

ノートブックの検索をリセットするには、「すべてのノート」を選択するか、［検索バー］の画面右上にある［リセット］ボタンをクリックします。［リセット］ボタンは他の検索状態を解除するときにも利用することができます。

Evernote検索の基本技③ タグで検索するには

タグは複数のノートの関連付けを行う機能です。タグを検索することにより複数のノートブックにまたがるノートを検索することができます。

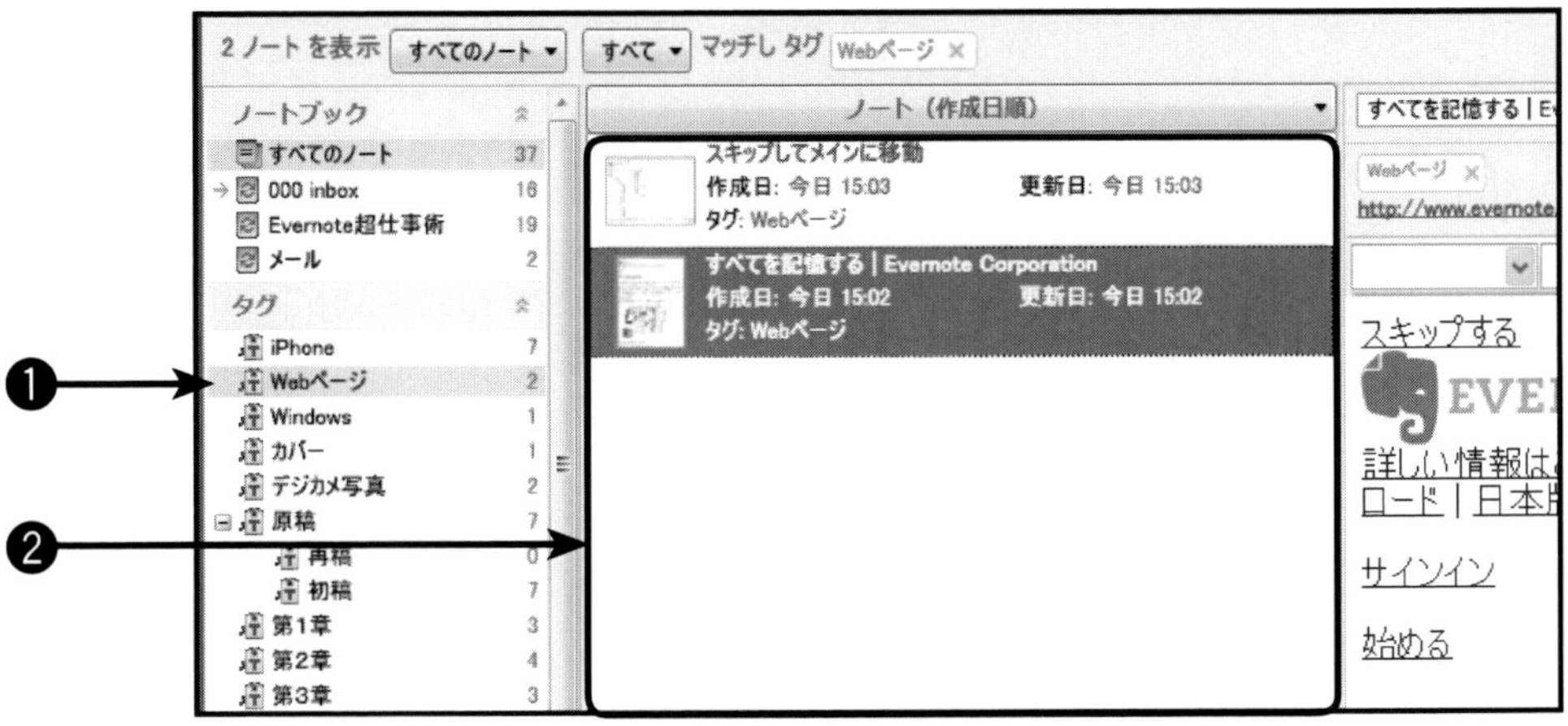

❶[タグ]の中から検索したいタグを選択します。
❷指定したタグが付けられたノートが一覧で表示されます。

なお、タグは1回の検索で複数指定できます。複数のタグを指定するには、キーボードの[Ctrl]キー（Windowsの場合。Macは[command]キー）を押しながら、タグをクリックします。[検索バー]に表示されるタグの右端の「×」をクリックするとそのタグのみを解除できます。

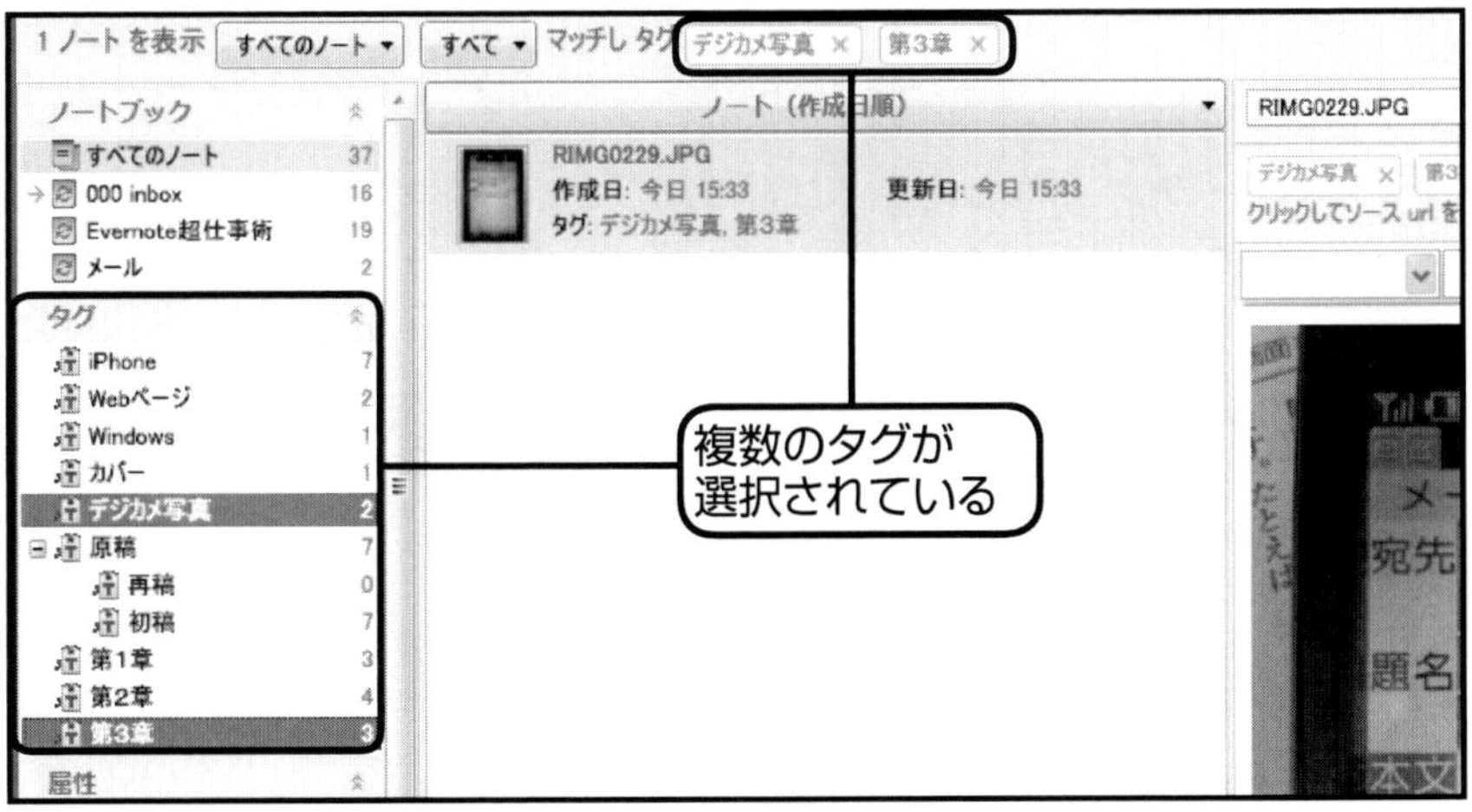

Evernote検索の基本技④ iPhoneで検索するには

iPhone版でもPC版の同様に、全文検索、ノートブック、タグを使った検索機能を備えています。出先でも自由にデータを検索することができます。

◉ iPhone版Evernote

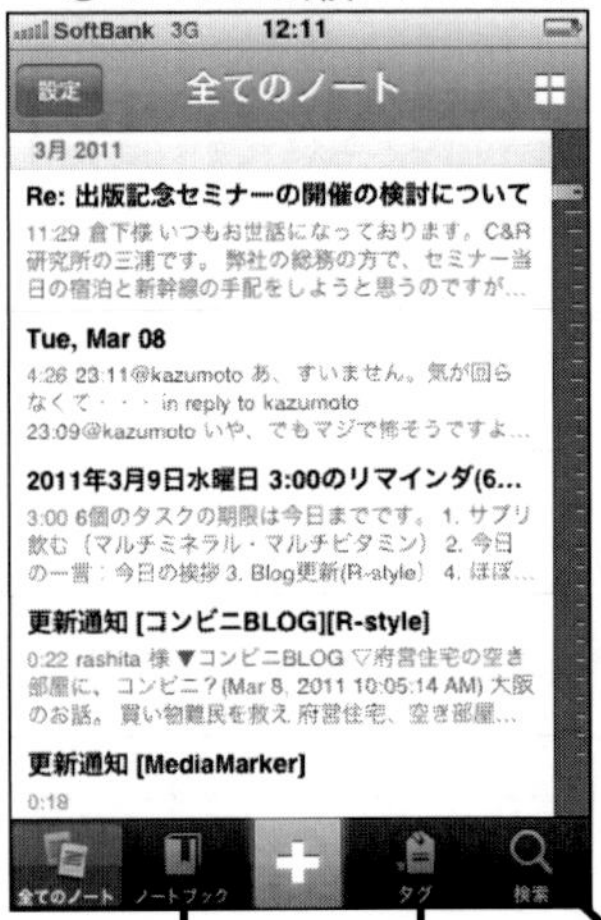

iPhone版 のEvernoteで は、画面下部のボタンで、ノートブックの検索、タグの検索、全文検索の切り替えを行うことができます。

◉ ノートブックの検索

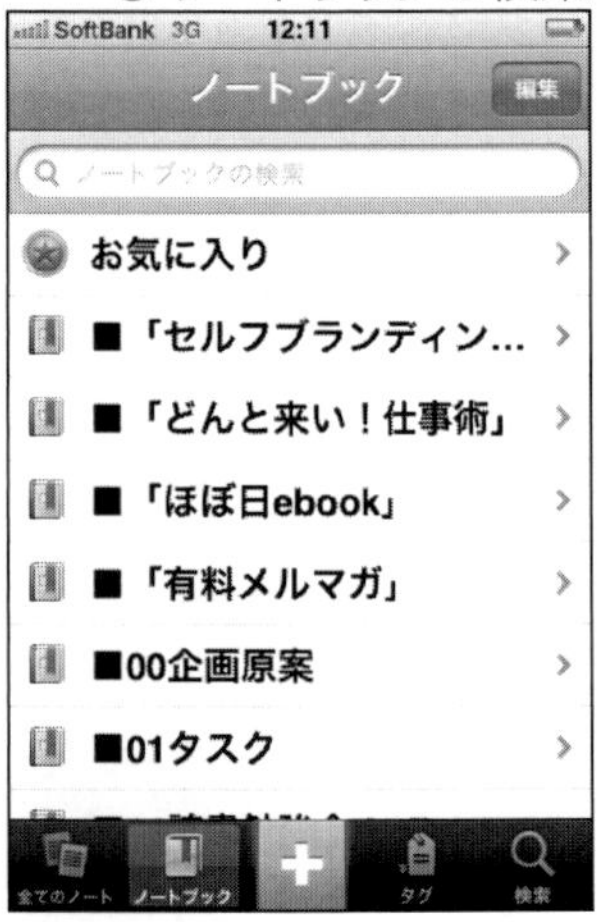

登録済みのノートブックが表示されるので、それを選択するか、「ノートブックの検索」に検索するノートブック名を入力します。

◉ タグの検索

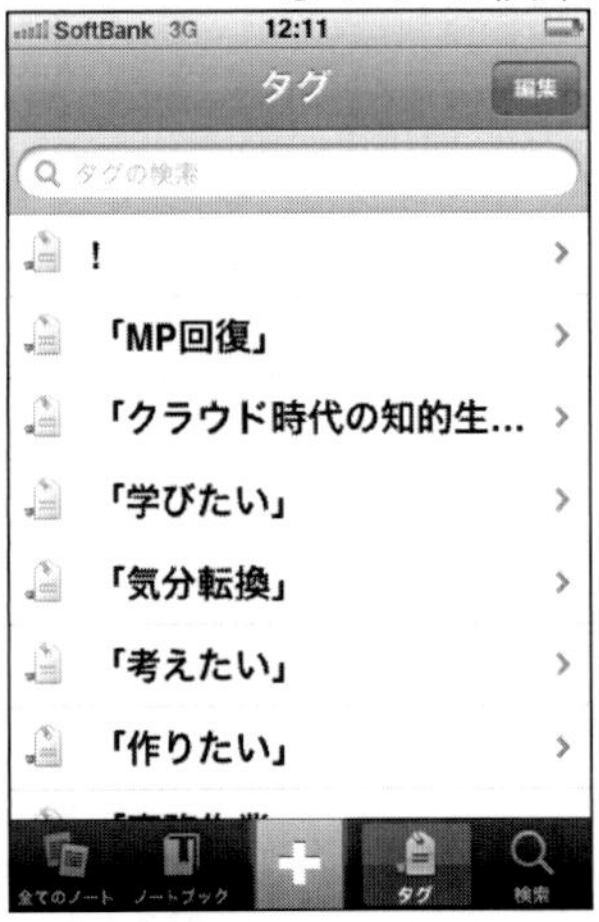

登録済みのタグが表示されるので、それを選択するか、「タグの検索」に検索するタグ名を入力します。

◉ 全文検索

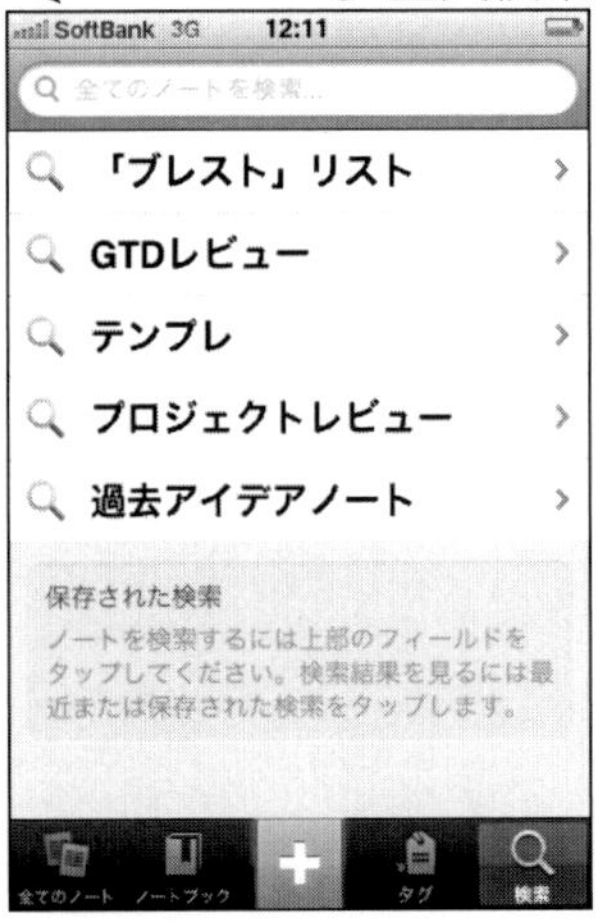

登録済みの「保存された選択」が表示されるので、それを選択するか、「全てのノートを検索」に検索する文字を入力します。

23 EVERNOTE

「多数の検索軸」の使いこなしが検索効率に差を付ける

Evernoteのタグとノートブックについては大まかにイメージしてもらえたのではないかと思います。ノートブックでおおざっぱな分類をして、情報の属性を表現したタグでノートを探し出すというのが一般的な使い方です。しかし、ノートを探し出すために使える要素はこれだけではありません。Evernoteではさまざまな要素が検索の対象になっています。

「作成日・変更日」～日付で検索

ノートが作られた日あるいは最終変更を加えられた日で検索ができます。単純に日付を直接指定して探す事もできますし、期間を設定する事もできます。具体的には次のような期間の指定ができます。

- 「今日」「昨日」
- 「今週」「先週」
- 「今月」「先月」
- 「今年」「去年」

これらを使って、「それ以降」「それ以前」の検索ができます。たとえば、

「以降」→「先週」

であれば、先週から今日までに作られたノートブックを検索する事ができます。人の記憶というのは時系列ではかなり安定しているので、日付や期間を頼りにノートを探す場面は多いかもしれません。

◉ 日付での検索

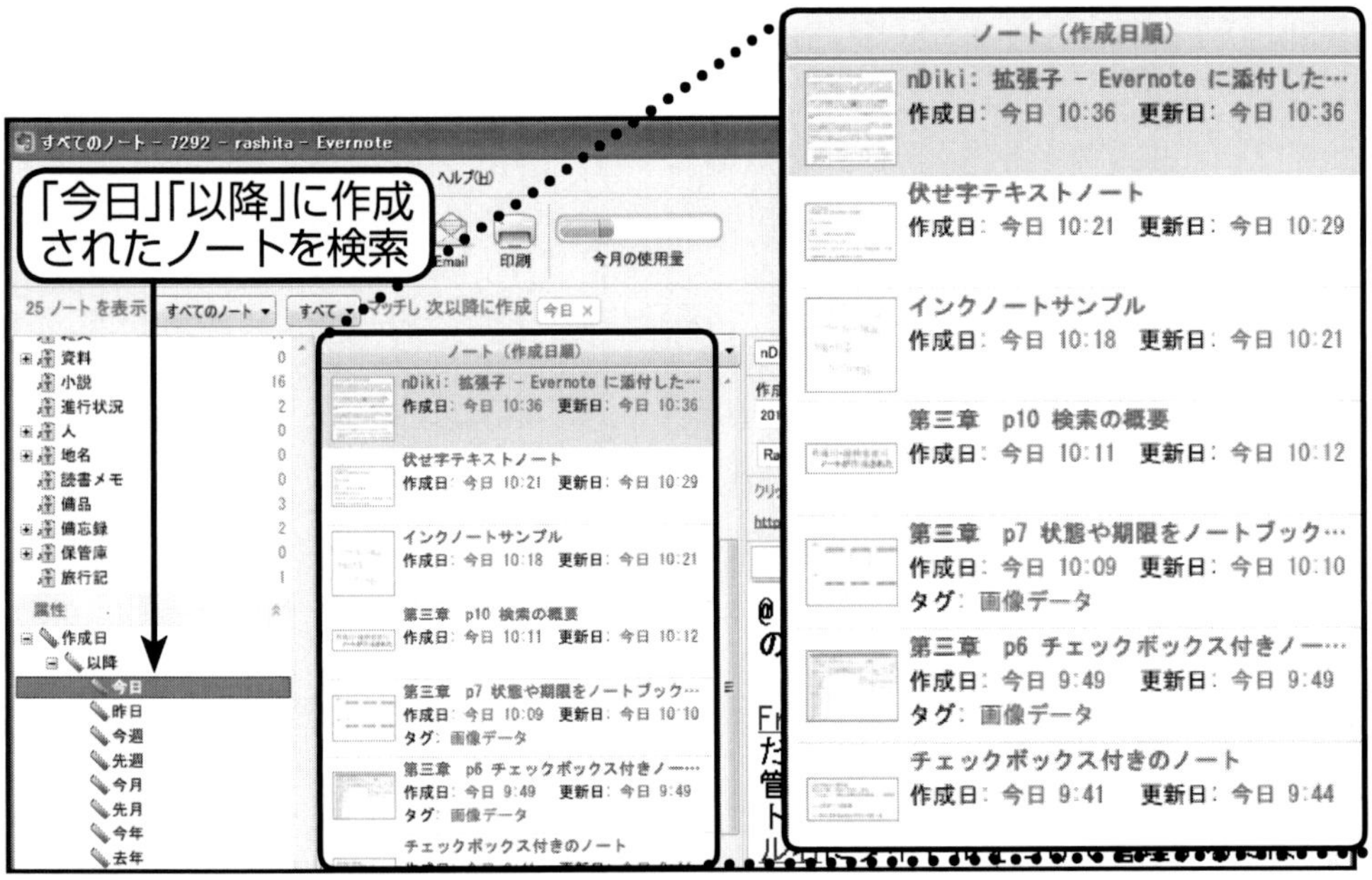

◉ 属性検索の一覧表

<table>
<tr><th>属性</th><th colspan="2">検索条件</th><th>概要</th></tr>
<tr><td rowspan="2">作成日</td><td>以降</td><td rowspan="4">今日／昨日
今週／先週
今月／先月
今年／去年</td><td rowspan="4">ノートが作成された日付、あるいは変更を加えられた最後の日付</td></tr>
<tr><td>以前</td></tr>
<tr><td rowspan="2">最終変更日</td><td>以降</td></tr>
<tr><td>以前</td></tr>
<tr><td rowspan="8">次を含む</td><td colspan="2">イメージ</td><td>画像ファイルが含まれるノートを探す</td></tr>
<tr><td colspan="2">音声</td><td>音声ファイルが含まれるノートを探す</td></tr>
<tr><td colspan="2">インク</td><td>Windows版Evernoteで作れるインクノートを探す</td></tr>
<tr><td colspan="2">伏せ字テキスト</td><td>伏せ字テキストが含まれているノートを探す</td></tr>
<tr><td colspan="2">to-doアイテム</td><td>チェックボックスが含まれているノートを探す</td></tr>
<tr><td colspan="2">未完了のto-doアイテム</td><td>チェックマークが付いていないチェックボックスが含まれたノートを探す</td></tr>
<tr><td colspan="2">完成済のto-doアイテム</td><td>チェックマークが付いているチェックボックスが含まれたノートを探す</td></tr>
<tr><td colspan="2">添付</td><td>Evernoteでは直接表示できない形式のファイルが含まれたノートを探す</td></tr>
<tr><td rowspan="5">ソース</td><td colspan="2">Evernoteにメール</td><td>Evernoteの投稿用アドレスにメールすることで作られたノートを探す</td></tr>
<tr><td colspan="2">email</td><td>パソコンのメールソフトから取り込まれたノートを探す</td></tr>
<tr><td colspan="2">Webページ</td><td>ブラウザのクリッピング機能を使って取り込まれたノートを探す</td></tr>
<tr><td colspan="2">モバイル</td><td>iPhoneなどのスマートフォンのEvernoteアプリを使って作られたノートを探す</td></tr>
<tr><td colspan="2">他のアプリケーション</td><td>パソコンのEvernote以外のアプリから作られたノートを探す</td></tr>
</table>

「次を含む」~ノートの要素で検索

これはノートに含まれている要素で検索する方法です。要素としては次のような項目があります。

- イメージ
- 音声
- インク
- 添付ファイル
- 暗号化テキスト
- To-doアイテム
- 未完了のTo-doアイテム
- 完了済みTo-doアイテム

「イメージ」で検索すれば、画像が含ま

◉「次を含む」での検索

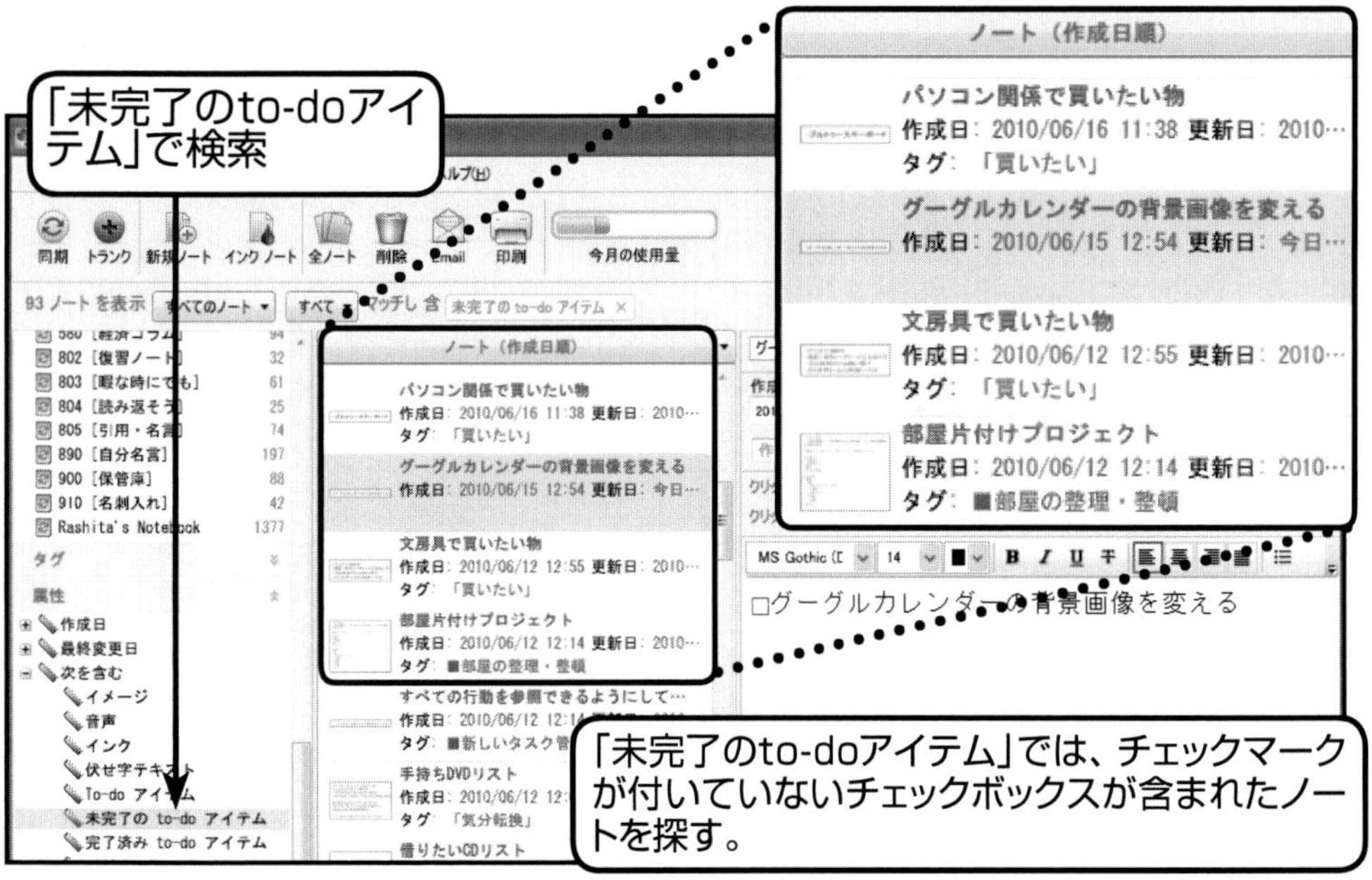

れているノートがすべて表示されます。特定のノートブックの中にある画像が含まれているノートを探すという使い方ができます。

使用頻度が高いのは「**To-do**アイテム」でしょう。「**To-do**アイテム」とはチェックボックスの事です。未完了はチェックが付いていないもの、完了済みはチェックされているものをさします。

「未完了の**To-do**アイテム」で検索すれば、まだやり終えていないタスクを抽出する事ができます。

「ソース」～ノートの作成方法で検索

ソースはそのノートがどうやって作

● 「ソース」での検索

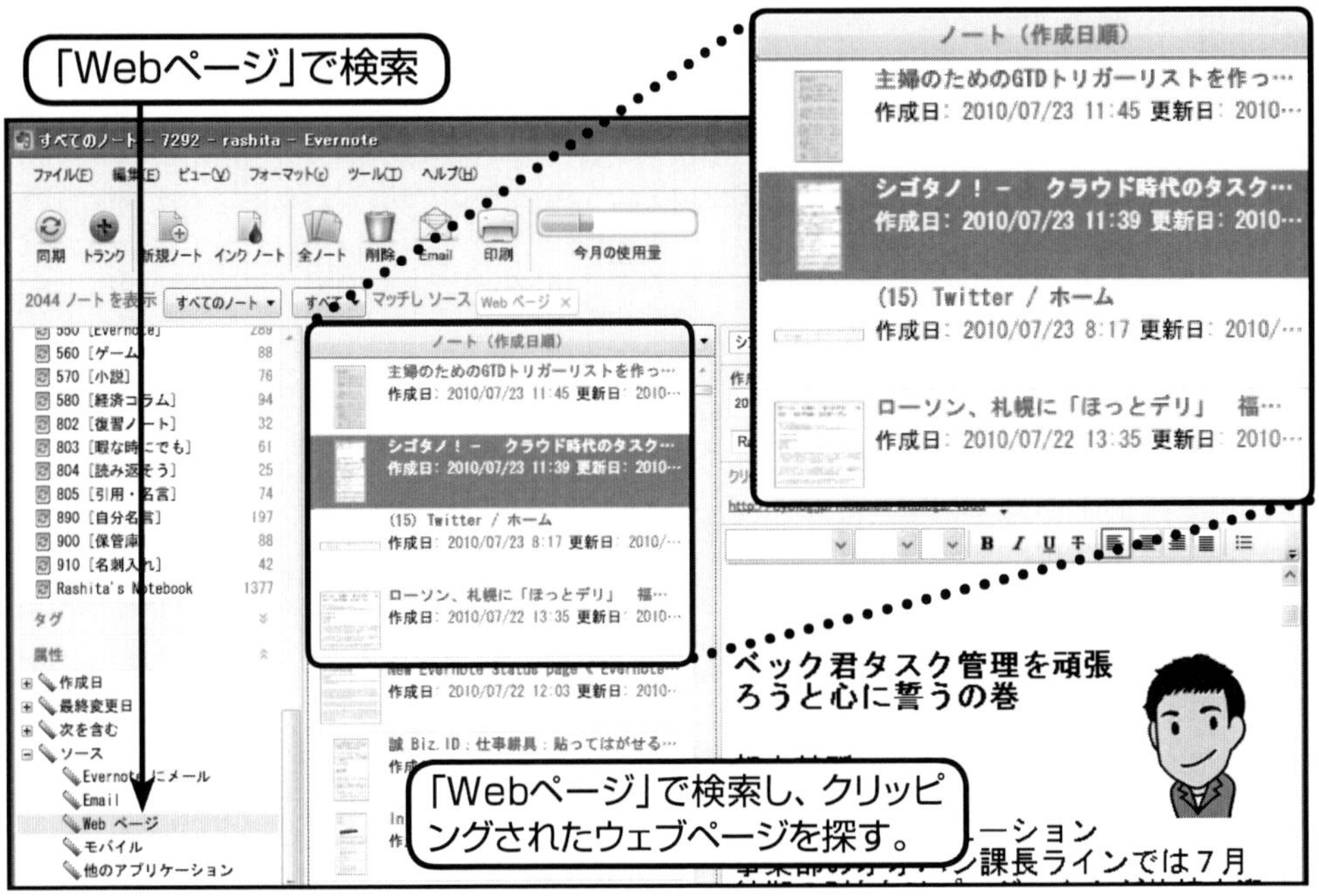

られたか、という情報です。具体的には次のようなものがあります。

- Evernoteにメール
- メール
- Webページ
- モバイル
- デスクトップアプリケーション

よく使うものとしては「Ｗｅｂページ」があるでしょう（前ページ図参照）。これはウェブページのクリッピングでできたノートだけを表示する事ができます。「確かあの情報はどこかのウェブサイトで見たな」と覚えていたら、このソースによる検索を使えば手早くノートを見付ける事ができます。

「保存された検索」の登録～検索条件を保存する

ノートブックやタグ、さまざまな検索の要素を紹介しましたが、これらを組み合わせて使用する事ができます。たとえば、ノートブック「プロジェクトA」に入っている、「至急」「提出」のタグが付いてある、未完了のチェックボックスが付いている、今週に作ったノート、といった感じでノートを探す事ができます。

検索の条件を絞り込んでいく作業はそれほど面倒なものではありませんが、何度も繰り返すならば条件を丸ごと保存しておく事で手間を省く事ができます。

ポイントは、これらは検索結果ではなく検索条件を保存してある事です。対象となるノートが増えれば「保存された検索」の結果にも反映されます。

よくアクセスするノートにたどり着く

●「保存された検索」での検索

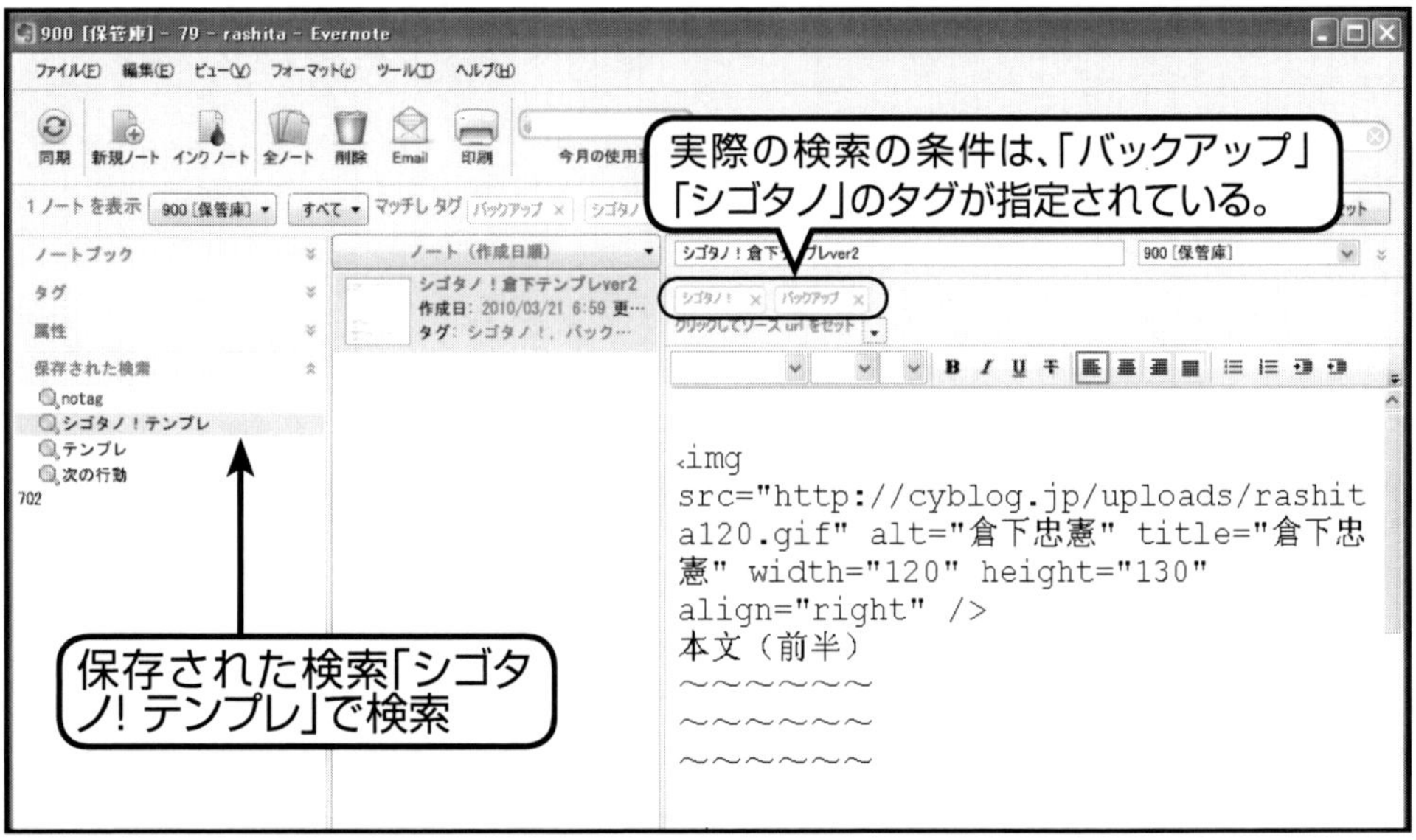

「保存された検索」を登録するには

Evernoteでは、特定の検索のパターンを「保存された検索」として、あらかじめ登録しておくことができ、それをクリックするだけで検索を行うことができます。

1 メニューの選択

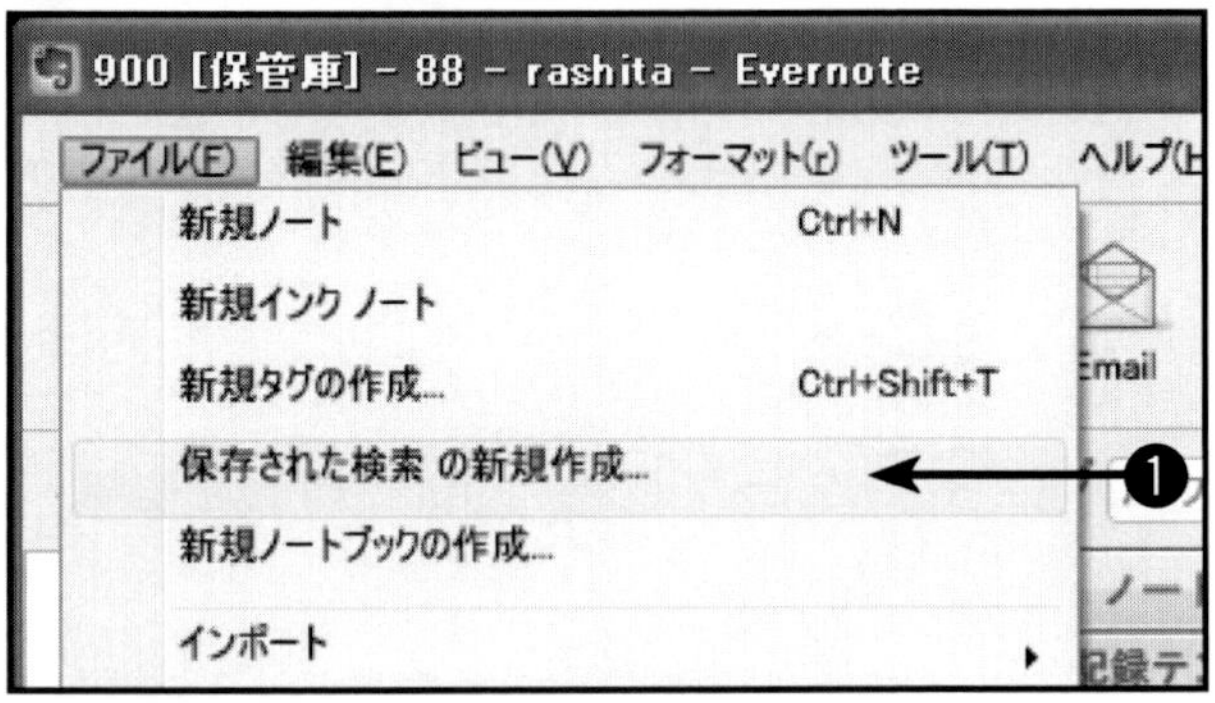

❶あらかじめ登録する検索条件でノートを検索しておきます。[ファイル]メニューから[保存された検索 の新規作成]を選択します。

2 保存名の入力

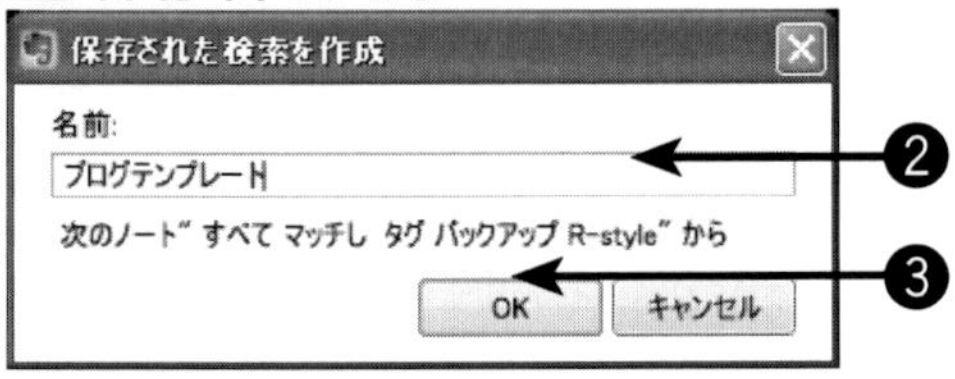

❷ [保存された検索を作成]ダイアログボックスが表示されるので、[名前]に登録する名称を入力します。
❸ [OK]ボタンをクリックします。

3 保存された検索の登録の確認

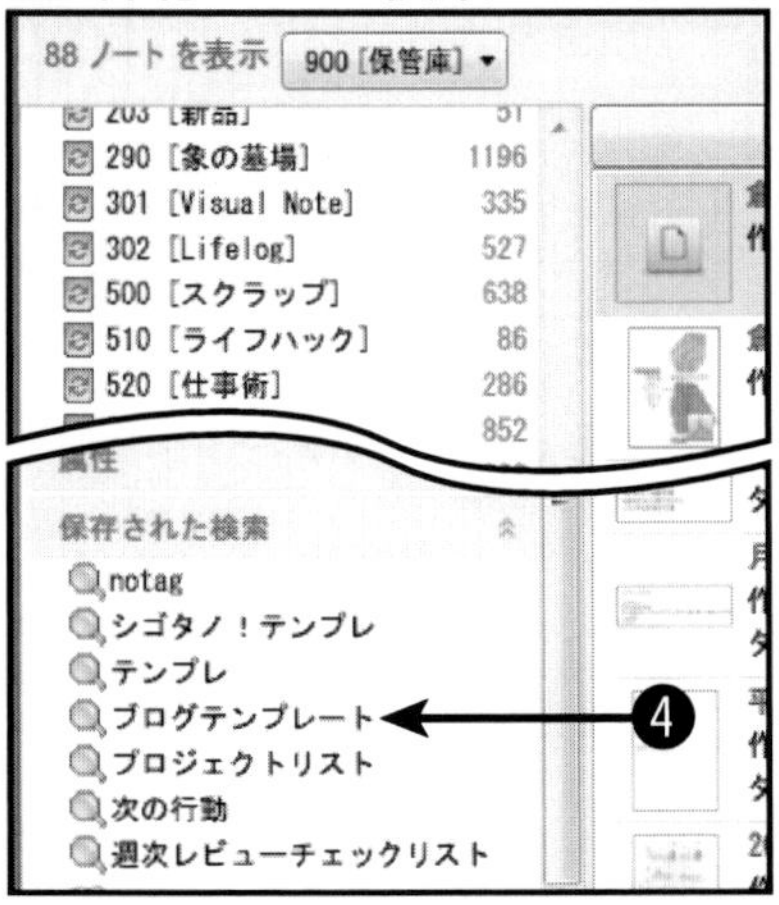

❹ 入力した名称で「保存された検索」が登録されます。次回からこれを選択するだけで同じ検索条件で検索が行われます。

ための検索を保存しておいたり、頻繁に検索する条件を保存しておけば利便性を上げる事ができるでしょう。

ここでは、ノートブックとタグを使った整理とさまざまな条件による検索でのノートの発見方法の基本を紹介しました。必要な時に必要な情報を出せるようになれば、本来その情報が持つ力を最大限活かす事ができます。続いて単に情報を参照するだけでなく、新しいアイデアを生み出す場合の**Evernote**の使い方について紹介していきます。

24 「タグの一本釣り」によるアイデアの発見

「アイデアは既存の物事の新しい組み合わせ」

発想法やアイデアについて書かれた本にはよくこういった表現を見かけます。必ずしもすべてのアイデアがそういった発想から出てきているとはいえませんが、大半のアイデアが既存のアイデアの組み合わせで作られている事は確かです。そのようなアイデアの出し方においても、Evernoteを活用する事ができます。

アイデアが既存の物事の新しい組み合わせであったとしても、自分が知らないものを組み合わせる事はできません。結局のところ、自分が「知っている」情報をいかに組み合わせられるか、というのがアイデアを考える上での問題になります。

「タグの一本釣り」の醍醐味

たくさんの情報を集めたとしても、それらすべてを頭に入れながらアイデアを考える事はなかなか難しいものです。一度見た情報も時間が経てば忘れてしまう事も多いでしょう。アイデアを考える際にこういった「知っているはず」の情報を活用できれば、単に自分が覚えている情報の中だけで発想するよりも新しいアイデアが出てくる可能性が高いのではないでしょうか。

こういった情報を活用するために必要な事は、「タグ付け」だけです。自分が興味を持った情報やアイデアなどをどんどん**Evernote**に集めてタグを付けておけばそれで準備完了です。「新商品」でも「新企画」でも「ウェブサービス」でも「農業ビジネス」でもなんでもかまいません。

◉ タグの一本釣り

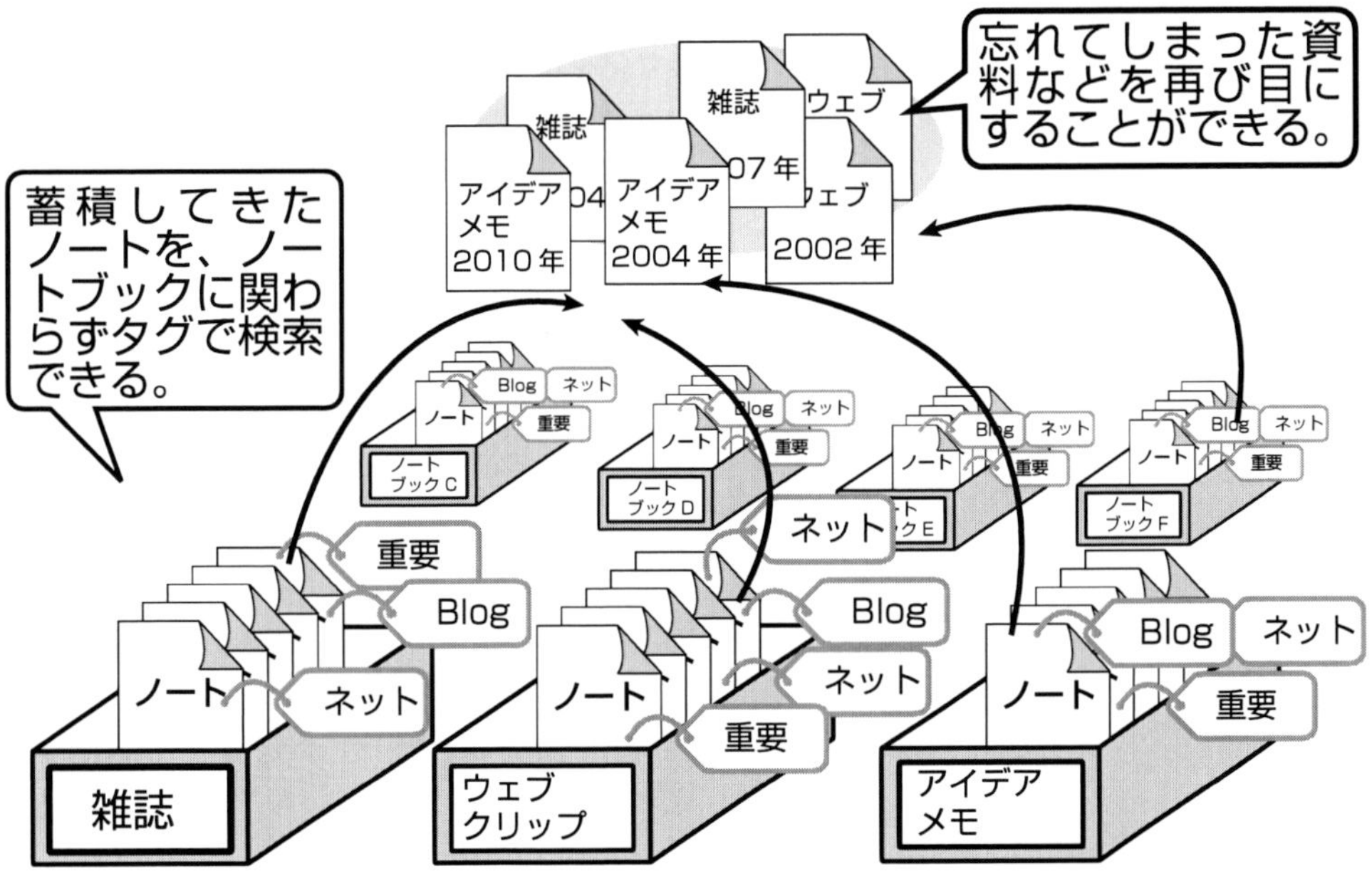

一定量の情報が集まったら、すべてのノートブックの中からそのタグが付いているノートを検索します。これで自分が今まで集めてきたそのテーマに関する情報やアイデアをすべて見る事ができます。

私はこれを「タグによる一本釣り」と呼んでいます。このように複数のノートブックを横断するタグだけの検索が可能なので、ノートをノートブックに入れる際に「どこのノートブックに入れようか」という事をあまり気にする必要はありません。「雑誌」「ウェブスクラップ」「アイデアメモ」という複数のノートブックにノートが散らばっていたとしても、同じタグさえ付いていれば一覧する事ができます。

同様の事をアナログのスクラップ帳で実現するのはかなり難しいものがあります。必要な切り口ごとに情報を閲覧できるというのが**Evernote**独自の情報管理手法の1つです。

「既知との遭遇」による新たな発見

タグによる一本釣りは、情報を集めた際に自分が関連すると考えた情報を一覧する方法です。これだけでもかなりアイデアの種は見つかるはずです。もし、この手法で行き詰まりを感じたら、さらなる検索でアイデアの種を求める事もできます。

たとえば「全文検索」を使う手法があります。タグの場合とは違って、その単語が含まれているノートがすべて表示されます。当然関係ないノートも表示されますが、既存のアイデアと一見関係ないアイデアが並べて表示される事で「新しいアイデア」の可能性を見付ける事ができるかもしれません。

あるいは、「期間」でノートを見直してみる事も面白そうです。そのテーマについて情報をよく集めた期間を特定し、その期間に作ったノートを表示させる方法です。たとえばある年の3月に多くの情報を取り込んでいるならば、その月に作ったノートを内容に関係なく見ていく作業になります。これもテーマに関係あるノートとそうでないノートが並んで表示される事になります。

こういった手法は、一見関係ない情報に繋がりを見いだす事が目的です。あまり効率のよい手法とはいえませんが、誰も考えつかないようなアイデアはこういった「予想外」の関連で生まれてくる事が多いようです。

「見た事のある、しかし見た事すら忘れている情報」に出会う事。これを私は「既知との遭遇」と呼んでいますが、こういった情報との出会いがあるのもEvernoteのよさです。

1年間を通して使う手帳などに雑多な情報を書き込んでいく事でも、同じように既知との遭遇は体験する事ができます。しかしEvernoteは「年」という単位を超えて情報を蓄積する事ができます。Evernoteと手帳の差というのは1年を超えて使い続けてみる事でより強く実感される事でしょう。

本書も「タグの一本釣り」により生まれた

アイデアの発見の実際例を上げるとすれば、この本の執筆が一番よい例でしょう。私がこの本の構成を考える際に、章立てから具体例探しまでのアイデアすべてを自分のEvernoteから拾い上げる事ができました。

Evernoteを使い始めてから、関係ある情報はできるだけEvernoteに取り込んでいます。現時点で、「Evernote」用のノートブックには300近い数のノートが入って

◉「全文検索」で書籍のネタをひろう

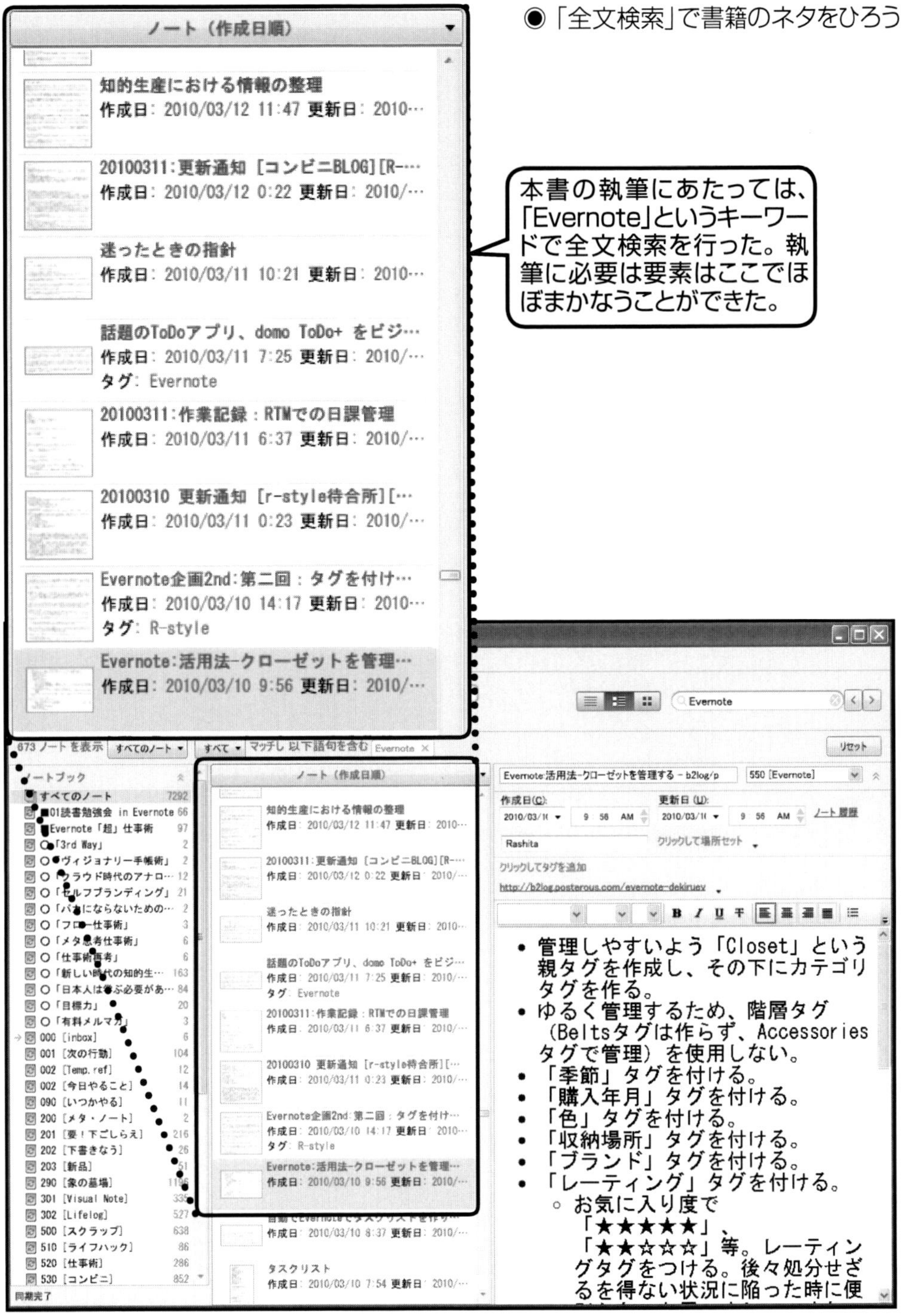

います。これらのノートを「方法」や「使い方」という言葉で検索すれば、今までに私が見てきた情報かつ今自分が使いたい情報にアクセスする事ができました。

さらにネタ探しのために、すべてのノートブックを対象にして「Evernote」という単語で検索してみました。検索結果は600を超えるノートたち。それらのノートは、ウェブ記事、ブログ、雑誌のスキャン画像、メモ書き、自分のブログ記事のバックアップなどが含まれています。自分が忘れていたような使い方や書きたかった事などがすべて私の手元に集まったのです。

もしEvernoteに保存していなければ、グーグルで検索をかけ、雑誌を見返し、メモを探し回った事でしょう。自分で書いたブログ記事でさえ、時間が経てば具体的に何を書いていたのかを覚えていない事に唖然としましたが、たとえ忘れてしまっていても、Evernoteにさえ入れておけば後から「遭遇」する事は可能です。この本を書きながら、改めてEvernoteの力強さを実感しました。

25 EVERNOTE

アイデアを生み出すメタ・ノート習慣

短期で必要とされるアイデアもあるでしょうが、大きなプロジェクトに関するアイデアや企画などを考えたい時もあると思います。こういった大きなアイデアを育てていくための「メタ・ノート」という発想法を紹介します。

これは、「思考の整理学」(筑摩書房刊)の著者である外山滋比古氏が提案されている方法で、アナログの手帳とノートを使います。

❶まずは、1冊の手帳を持ち歩きます。そこに思いついたアイデアをすべて書き込んでいきます。アイデアの大小や実効性などを気にせずに、なんでも書き込んでいくのがポイントです。

❷その後、時間をおいてその手帳を見返します。見返すと、大体は「たいした事がなかった」アイデアばかりでしょう。しかし、時間が経ってもまだ「使えそうなアイデア」が

◉ メタ・ノートの考え方

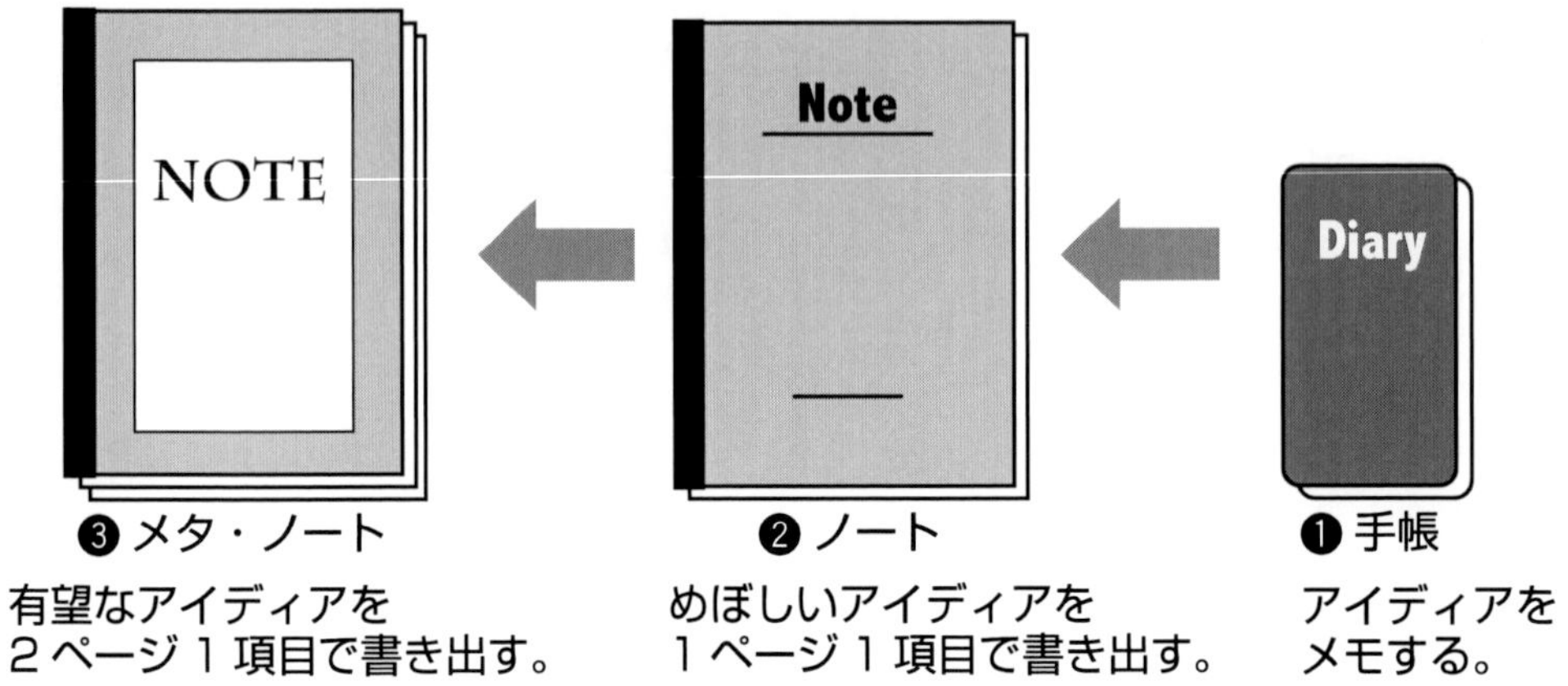
NOTE
Note
Diary
❸ メタ・ノート
有望なアイディアを
2ページ1項目で書き出す。
❷ ノート
めぼしいアイディアを
1ページ1項目で書き出す。
❶ 手帳
アイディアを
メモする。

見つかる場合があります。

それが見つかったら、手帳とは違う別のノートにそれを書き写します。そのノートは比較的長く使う事が想定されているのでしっかりしたノートを使う事が推奨されています。この際、1つの着想に1ページを当てておく事が原則です。最初は空白だらけでしょうが、それでかまいません。そのノートをまた時間をおいて見返します。見返す中で新たに追加すべき内容があれば追記していきます。

❸このノートもある程度時間が経つと「陳腐化」するものと「輝きを増してくるもの」に分かれてきます。そこで「輝きを増してくるもの」はまた別のノートに転記します。この場合は1つのアイデアに見開きの2ページを当てます。するとこ

のノートの残ったものは、自分の中でも相当に関心の高いアイデアばかりになります。これを最初のノートと比較して「メタ・ノート」と呼びます。

この手法の要点だけをまとめると、次のような工程になります。

- 思いついた着想はすべて書き留める
- それらを見直して、脈がありそうなものは移動させる
- 移動させたものを見直して、まだ脈がありそうな物はもう一度移動させる

時間をかけた見直しを行う事で、アイデアを選別しつつ、新しい着想を蓄積していく事ができます。アイデアを「考える」、というよりは「育てる」というイメージの方が近いでしょう。

これは、1週間や1ヶ月程度では実現できません。しかし、時間をかける事で、アイデアに深みを与えられます。少なくとも、その時の気分や流行に影響される事なく、思考を深めていく事ができます。

Evernoteでメタ・ノート

Evernoteを使ってこのメタノートを実現する事は非常に簡単です。それぞれの工程の段階の「ノートブック」を作ってしまえばそれで形はできあがりです。まずはすべての着想を入れておく「メモ」というノートブック。そして第一次発酵としての「ノート」というノートブック。最後に「メタ・ノート」というノートブック。これら3つを使って、先に紹介した手順を行う事ができます。

あるいはこの方法をソーシャル・アレンジする事もできます。最初の「手帳」の部分をTwitterなどのソーシャルサービスでつぶやきます。アイデアを書いていくうちに、他の誰かがコメントをくれるかもしれません。そういったもろもろを見返して、脈があるアイデアを1つのブログ記事にします。これが「ノート」の部分です。ある程度ブログを書いていくうちに、さらなる広がりを感じるものは、Evernoteにノートブックを作る、という方法です。

たとえば「セルフマネジメントの手法」というテーマが大きく広がりそうだと感じ

たら、「セルフマネジメントの手法」という名前のノートブックを作る、という事です。後は、今まで集めた情報から関連する情報を検索し、使えそうなものを新しく作ったノートブックに移動させていきます。そして新しく収集する情報も関連するものはそのノートブックに加えて、自分のアイデアなども追加していきます。ノートの数が増えていけば、それだけで1冊の本を書く事ができるかもしれません。

◉ Evernoteで実践するメタ・ノートの設定例

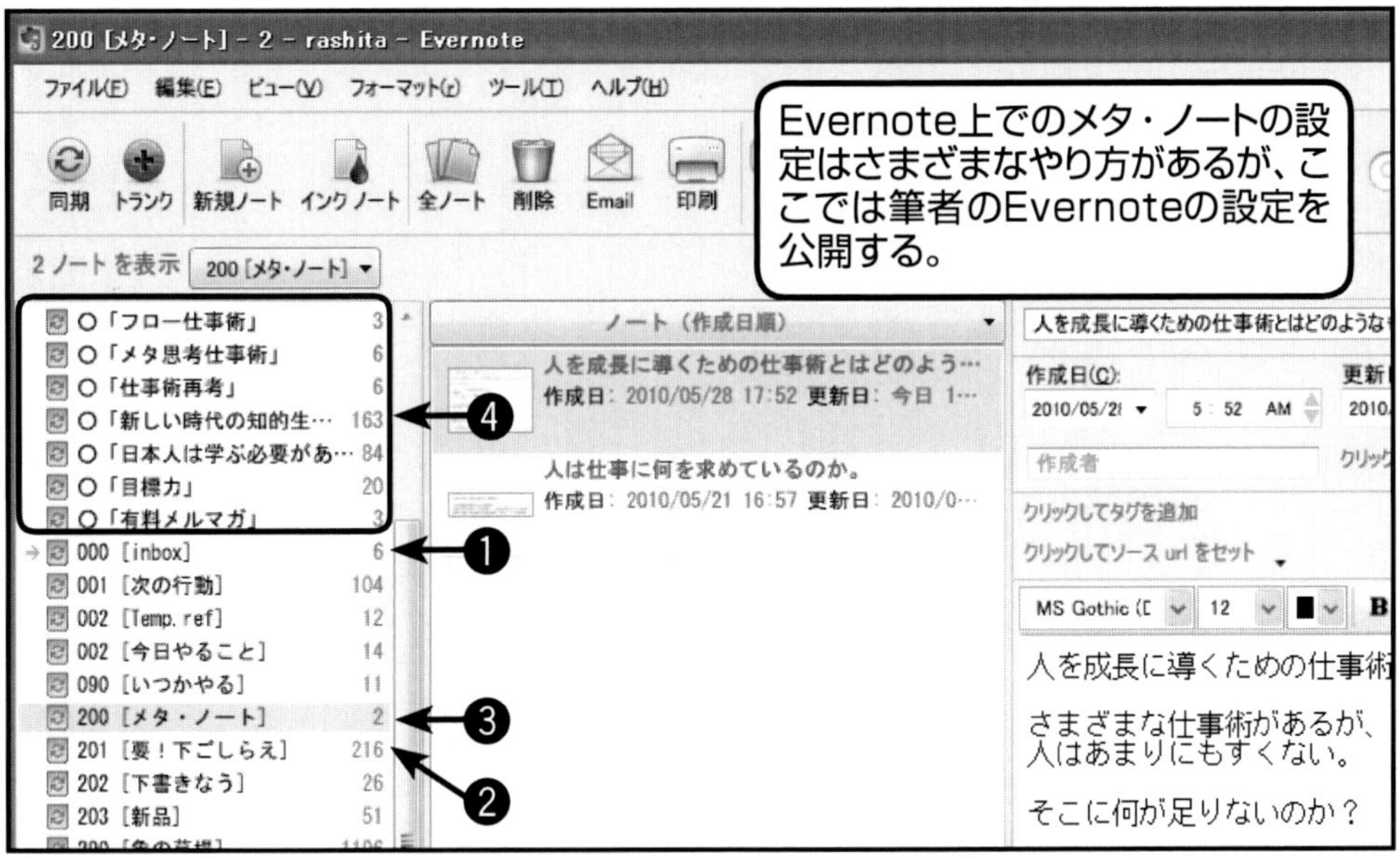

❶ノートブック[inbox]：「メモ」を入れておくノートブックです。
❷ノートブック[要!下ごしらえ]：「ノート」を入れておくノートブックです。
❸ノートブック[メタ・ノート]：「メタ・ノート」を保存しておくノートブックです。
❹アイディアを集めるだけでなく、実際にコンテンツを作り始めたものは行頭に「○」を付けて区別しています。

26 使うための情報の整理法を心がける

この章では集めた情報をいかに整理するのか、そしてその活用法にも少し触れてみました。情報を集める目的というのは基本的に再利用です。そして再利用するためには単に集めただけでは充分ではありません。使う事を前提とした整理法が必要です。

基本的な考え方は、その情報を自分がどのように使用するかという事から逆向きに考えてノートブックを作ってみる事です。先ほども書きましたが、どこのノートブックに入っていても、タグや全文検索でノートを探し出す事ができるので、始めはあまり細かいこだわりを持つ必要はありません。

むしろ「情報の使い方」というのはそれを使っていく中で判明してくるもので、試行錯誤を重ねて適切な形を見付けていく事が必要です。唯一絶対の正解はありません。自分の使い方に合わせた運用法を見つけ出してください。

Evernoteに集約する事で、情報に関係する制約はかなり解消されるはずです。紙情報が抱える物理的な制約と、すべてを覚えておけない脳の記憶能力による制約は本来使えるはずの情報や資料の活用を妨げます。**Evernote**に情報を集約・蓄積しておけば、それらの制約から解放され情報が持つ力を最大限に発揮する事ができるでしょう。

次章では脳が持つ力を妨げるさまざまな要素からの制約からの解放――ストレスフリーの仕事術――について紹介します。

Column

「こうもり問題」「その他問題」

分類を軸にした整理をしていると頻繁に起きる問題が2つあります。1つが「こうもり問題」。これはどの分類に入れるべきなのかが判断できないものが発生する、という事です。たとえば「新商品」と「キャンペーン」という2つの分類があった場合に、「新商品のキャンペーン」の情報はどちらに分類すればいいのか悩みます。とりあえず、その時はどちらかに決めて入れたとしても、その情報を後から使う時にどちらに入れたのかを覚えていなければ発見するのにとても手間がかかってしまいます。

Evernoteであれば、「新商品」と「キャンペーン」というタグを付けておけば、どちらかでもその情報にアクセスする事ができます。

「こうもり問題」は複数の入れ先があって判断に悩む問題ですが、「その他問題」はその逆です。もともとある分類に当てはまらない情報が入ってきた時の扱い方法です。一般的な方法は「その他」という分類軸を作りそこにまとめて入れておく事でしょう。こうやって分類軸に当てはまらない情報を「その他」に入れていくと、次第に何が入っているのかまったくわからなくなります。その場合、「その他」に入れた情報は死蔵したといってもよいでしょう。

Evernoteであれば、どのノートブックに入れてあっても「すべてのノートブック」を対象に検索をかければノートを見付ける事ができます。

これらの問題は「『超』整理術」という本の中で野口悠紀雄氏が指摘している問題です。既存の情報整理についての問題は、Evernoteの登場で大きな改善を成し遂げたといってもよいでしょう。

CHAPTER 4

ストレスフリーのタスク管理

27

EVERNOTE

ストレスを発生させない脳を頼りにしないタスク管理の実現

1台のパソコンを想像してみてください。プログラムを1つだけしか動かしていない時は快適な動作をしていても、複数のプログラムを同時に起動させていくと徐々に処理速度が遅くなってきます。

人間の脳もこれと同じような事が起こります。あれこれ悩んでいたり、今なにをすべきか考えている状況では、最大限にその力を発揮する事はできません。

前章までは主に「情報」が持つ力を最大化させるための手法を紹介してきましたが、この章ではあなた自身の「能力」を最大化させるための手法について紹介します。

脳はストレスに弱いものです。心が負担を感じていれば、集中力や思考力に影響が出てしまいます。すべてのストレスを消す事はできませんが、感じる必要のないストレスから解放されれば、脳の力を最大限に発揮する事ができるようになります。

そのような「ストレスフリー」の状態になるために、最近のビジネスパーソンが注目しているGTDという手法をこの章では紹介します。GTDとは何か、GTDの手法の紹介、そして**Evernote**を使ってGTDをいかに実践していくかが本章のテーマです。GTDはワークマネジメントのシステムですが、根本の発想は**Evernote**に通じるものがあります。

脳を物置にしない、脳を頼りにしない

脳の仕事は記憶に関するものと、思考に関するものがあります。情報を記録しておくという仕事に関しては人間よりもコンピュータの方が優れています。情報を活用

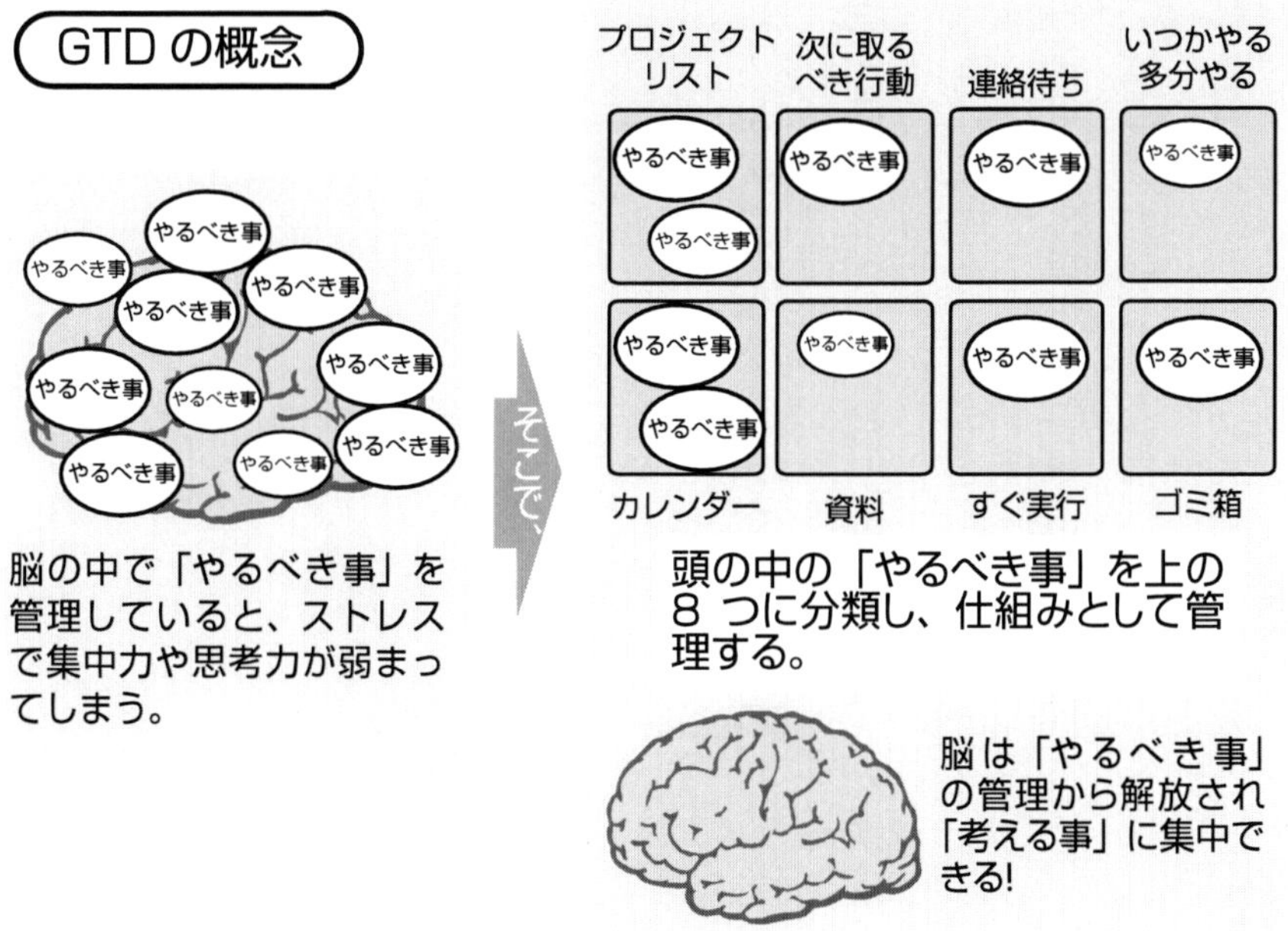
GTDの概念
やるべき事
脳の中で「やるべき事」を管理していると、ストレスで集中力や思考力が弱まってしまう。
そこで、
プロジェクトリスト
次に取るべき行動
連絡待ち
いつかやる多分やる
カレンダー
資料
すぐ実行
ゴミ箱
頭の中の「やるべき事」を上の8つに分類し、仕組みとして管理する。
脳は「やるべき事」の管理から解放され「考える事」に集中できる!

するために脳を頼るのではなく外部脳に情報の記憶をアウトソーシングするというのが**Evernote**の考え方です。ＧＴＤは「やるべき事」を自分の頭の中ではなく、信頼できるツールで管理するところがポイントです。どちらも脳を物置としては使わないという方向性において共通しています。

まずは、ＧＴＤとは一体なんなのか、それは何を目指しているのかというところから見ていきましょう。

ＧＴＤとは何か

ＧＴＤとは、デビッド・アレン氏が提唱するワークマネジメントシステムです。**Getting Things Done**が正式な名称ですが、頭文字を取ってＧＴＤと呼ばれています。

ＧＴＤにおける「目指すべき状態」は、「水のように澄んだ心」を持つ事です。以下はＧＴＤの手引書「初めてのＧＴＤ　ストレスフリーの整理術」（二見書房刊）からの引用です。

私の経験からすれば、仕事においても私生活においても、あらゆる事をゆっくりと把握しつつ、ストレスを感じる事なく最小限の努力で最大限の効果を発揮する事は不可能ではない。

最近、とても調子がよいと感じた経験を思い出して欲しい。あなたはその時、万事上手くいっていると感じていたはずだ。ストレスもなく、目の前の事に集中できていたのではないだろうか。そこでは時間の感覚もあまりなかったかもしれない。気がついたら「あれ、もうお昼?」とびっくりした人もいるだろう。その一方で、仕事は大いにはかどったはずだ。

これが脳の力が最大限に発揮されている状態です。こういった状態になるためには、まず自分の頭に置きっぱなしになっているすべての「気になる事」を荷下ろしする必要があります。これをフォローしてくれるシステムがＧＴＤなのです。

28 GTDの基本的な流れと考え方

まずは一般的なGTDの手順を説明します。基本的な工程は次の5つのステップに分かれていて、それぞれ順を追ってこなしていく必要があります。

❶収集ステップ
❷処理ステップ
❸整理ステップ
❹レビューステップ
❺実行ステップ

最初は「収集」ステップから始めます。このステップは身に回りにある道具と2時間程度のまとまった時間があれば始める事ができます。

◉ GTDのフロー

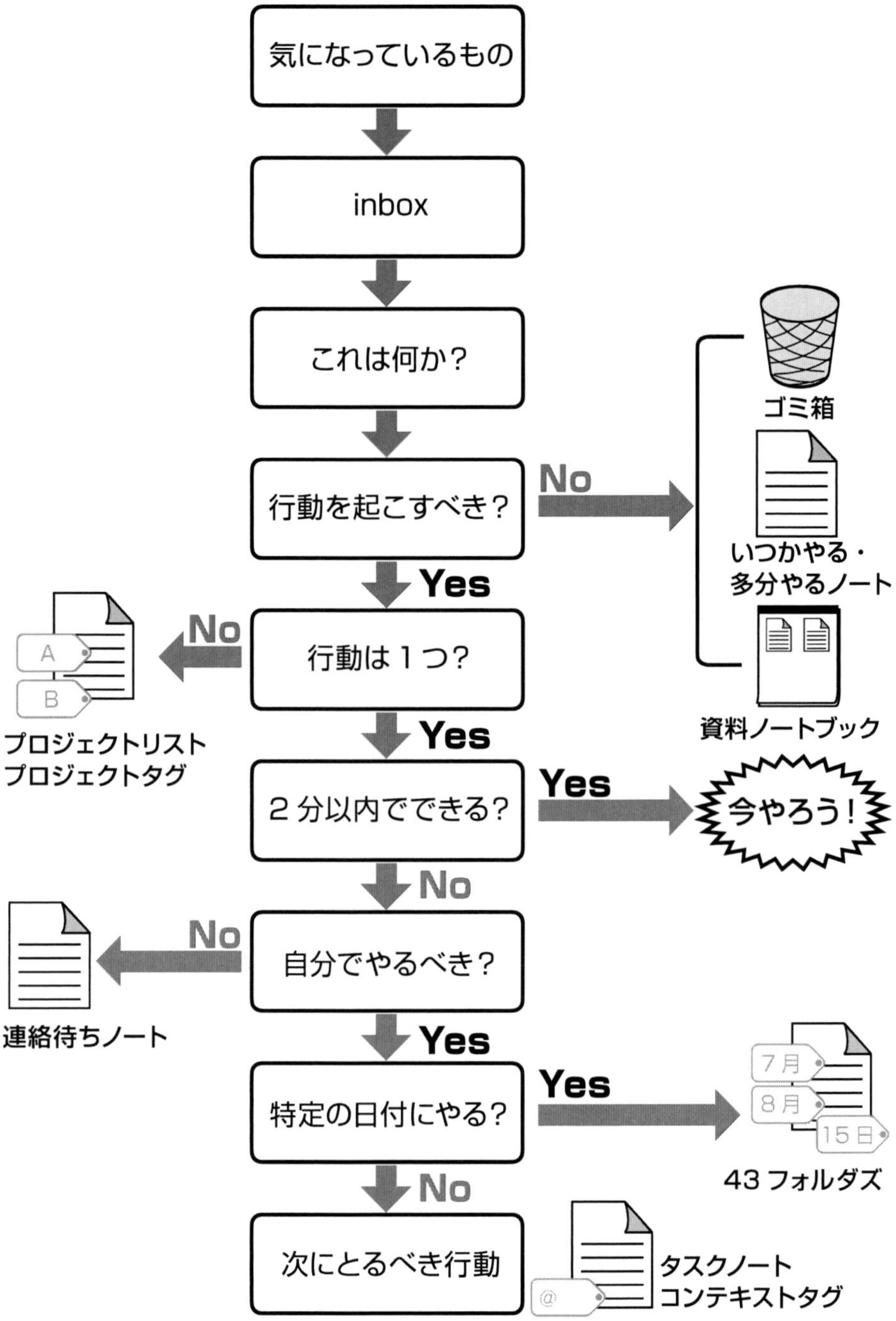
気になっているもの
inbox
これは何か?
行動を起こすべき?
No
ゴミ箱
いつかやる・
多分やるノート
資料ノートブック
Yes
行動は1つ?
No
A
B
プロジェクトリスト
プロジェクトタグ
Yes
2分以内でできる?
Yes
今やろう!
No
自分でやるべき?
No
連絡待ちノート
Yes
特定の日付にやる?
Yes
7月
8月
15日
43フォルダズ
No
次にとるべき行動
@
タスクノート
コンテキストタグ

前ページのフロー図は筆者の実行している例です。GTDには細かい決まりがなく、自分のやり方に合わせてそれぞれの処理の行き先をアレンジできるのが特徴です。実行する時には、これにとらわれずカスタマイズすることをお勧めします。

収集ステップ

まずは「**inbox**」を準備します。これが「気になる事」が一番最初に入る場所になります。書類受け、手帳、ノート、メール、パソコンのメモ帳など、さまざまなものを**inbox**として使う事ができます。ただし、あまり多くの**inbox**を作るのは避けた方がよいでしょう。どうしても必要という最低限度の数にすべきです。

この**inbox**に目に付く「気になる物」を入れていきます。たとえば書類受けを**inbox**にしたのならば、ここに、書類・読みかけの雑誌・返事を書いていない手紙などを入れていきます。気にかかる度合いの大小に関わらず**inbox**に入れていく事が肝心です。まずこうしてデスク周りから「収集」していきましょう。

デスク周りの「収集」が終われば、次は頭の中の収集です。紙を準備してそこに心に引っかかっている考え、アイデア、懸案事項などを書き出していきます。仕事やプライベートに関わらず書き出していく事がここでのポイントです。

書類など目に見える物は取りこぼしがありませんが、頭の中にある事は一見終わったように見えてもまだ残っていたりするものです。徹底的に時間をかけて頭の中の棚卸しをしていく必要があります。

デスク周りでも頭の中でも「収集」の際は集める事だけを考えてください。実際に処理するのは次のステップになってからです。

処理ステップ

inboxにすべての「気になる事」を集めたら次の「処理」ステップに入ります。ここで目指すべきは「気になる事」が実際にどのようなものなのかを明らかにする事です。

具体的にいえば、**inbox**の中に入ってあるものに対して「これは何か?」と問い掛け、その答えを見い出す事です。実際に何か行動を起こすべき必要があるものなのか、捨ててもかまわないのか、保管しておくべき資料なのか。そういった事を見極める必要があります。これが曖昧なままだと、それらはずっとあなたの心の中に「気になる事」として居座り続けます。

行動すべき事ならば、どのような行動が必要なのか。保管する資料ならばそれはいつ使うのか、そういった事を明確にしていく事で、頭の中から追い出していきます。細かい手順については前述の「ストレスフリーの整理術」に詳しいのでそちらを参考にしてください。処理の手順を簡単にフローチャート化したものを133ページに掲載しているので、そちらも参照してください。

整理ステップ

「気になる事」には8つの行き先があります。

- **ゴミ箱**

行動を起こす必要のない物で、保存しておく必要もない物の行き先です。

- **「いつかやる／多分やる」リスト**

将来やってみたい事を保存しておくリストです。

- **「資料」フォルダ**

行動を起こす必要はないが、情報として価値のある物を保存する場所。

● プロジェクトリスト／プロジェクトの参考情報

「気になる事」の中でそれを達成するために複数の行動が必要なものが「プロジェクト」です。この「プロジェクト」をリスト化しておく事によって、次の行動を考える際にチェック漏れが出るのを防ぎます。またリストを見る事によって、現在どの程度完了に向けて進んでいるのかも確認できます。

また、それぞれにプロジェクトに関する参考情報をまとめておけば、次の行動を考える際に便利です。

● 実際にやってしまう

行動を起こす必要があるもので、プロジェクトでもなく2分以内に実行できるものはリストに加える事なく、すぐに実行してしまいましょう。

● 「連絡待ち」リスト

「気になる事」で自分が行動できないもの、人に任せたものがこのリストに入ります。

● カレンダー

日付に関係するものや、ある特定の日付に思い出したい物を書き込みます。

●「次にとるべき行動」のリスト

実行する機会ができた時にやるべき事がこのリストに入ります。これらのリストは状況ごとに分類しておくのが効果的です。

たとえばパソコンを使ってする仕事、一人で考えたい事、電話を使ってする事、文房具屋での買い物リスト、上司に相談する事、こういったものを別のリストで管理しておけば、それができる状況になった時に悩む必要はなくなります。

このように「気になる事」を適切な場所に振り分けるのが「整理」ステップです。

レビューステップ

一度収集し、整理すればそれで終わりではありません。ＧＴＤのもっとも重要なポイントはこのレビュー・ステップです。やり終えた物は消し、新たに加わった物は、リストに追記する。適切な間隔でそれぞれのリストを見直していく作業を行う事で、リストを最新の状態に保つ事ができます。

レビューの間隔には「週次レビュー」「月次レビュー」「年次レビュー」というものが

あります。仕事のスタイルによって適切な間隔は異なりますが、最低でも週に1度はレビューする機会を設けないと、「そのリストに入っているもので全部なのか？」と不安になってしまいます。定期的な見直しは自信を持って行動を選択するために必要なステップです。

実行ステップ

以上のステップをこなしていれば、あなたは自分のあやふやな記憶に頼る事なく、状況に合わせた選択肢の中から行動を選べるようになります。行動をあやふやなまま頭の中に抱え込んでいれば、「あれもやらなきゃ、これもやらなきゃ」という心配から逃れる事はできません。しかし、信頼できるシステムに「気になる事」をすべて投げ込んでおけば、状況を冷静に俯瞰して行動を選択する事ができます。

駆け足でしたが、これがＧＴＤの概要です。前述しましたが、詳しいＧＴＤの手法について知りたい方は「ストレスフリーの整理術」を参考にしてください。

29 EVERNOTE

EvernoteでのＧＴＤの運用

ＧＴＤの優れた特徴の１つに使うツールを選ばないという点があります。パソコンを使う事もできますし、手帳やノートでも問題ありません。１種類のツールでも複数のツールを使い分ける事もできます。非常に柔軟性が高いシステムなのでやり方は個人次第です。こういった自由度の高さも**Evernote**と共通する点です。

複数の入り口からデータをクラウドに一括保存でき、また複数のデバイスでそのデータを閲覧できる**Evernote**は情報だけではなく、タスクの預け先としても強力な選択肢の１つです。特にＰＣとスマートフォンを組み合わせた場合、「いつでも・どこでも」ノートを追加・参照する事ができます。頭の中の「気になる事」をすべて**Evernote**に預け入れて、必要な時に参照できる環境が整えば脳の負荷は大きく減る事になるでしょう。

前項までで紹介した手順を踏まえて、**Evernote**でＧＴＤをどのように運用していくのか紹介したいと思います。

本章では、**Evernote**上でＧＴＤを実現するために必要となる次の機能の作り方・使い方を解説します。これらの組み合わせでＧＴＤを実現していくことになります。

- inbox
- プロジェクトリスト
- タスクノート
- コンテキストタグ
- 43フォルダズ

◉ Evernoteで実現するGTDのの概念図

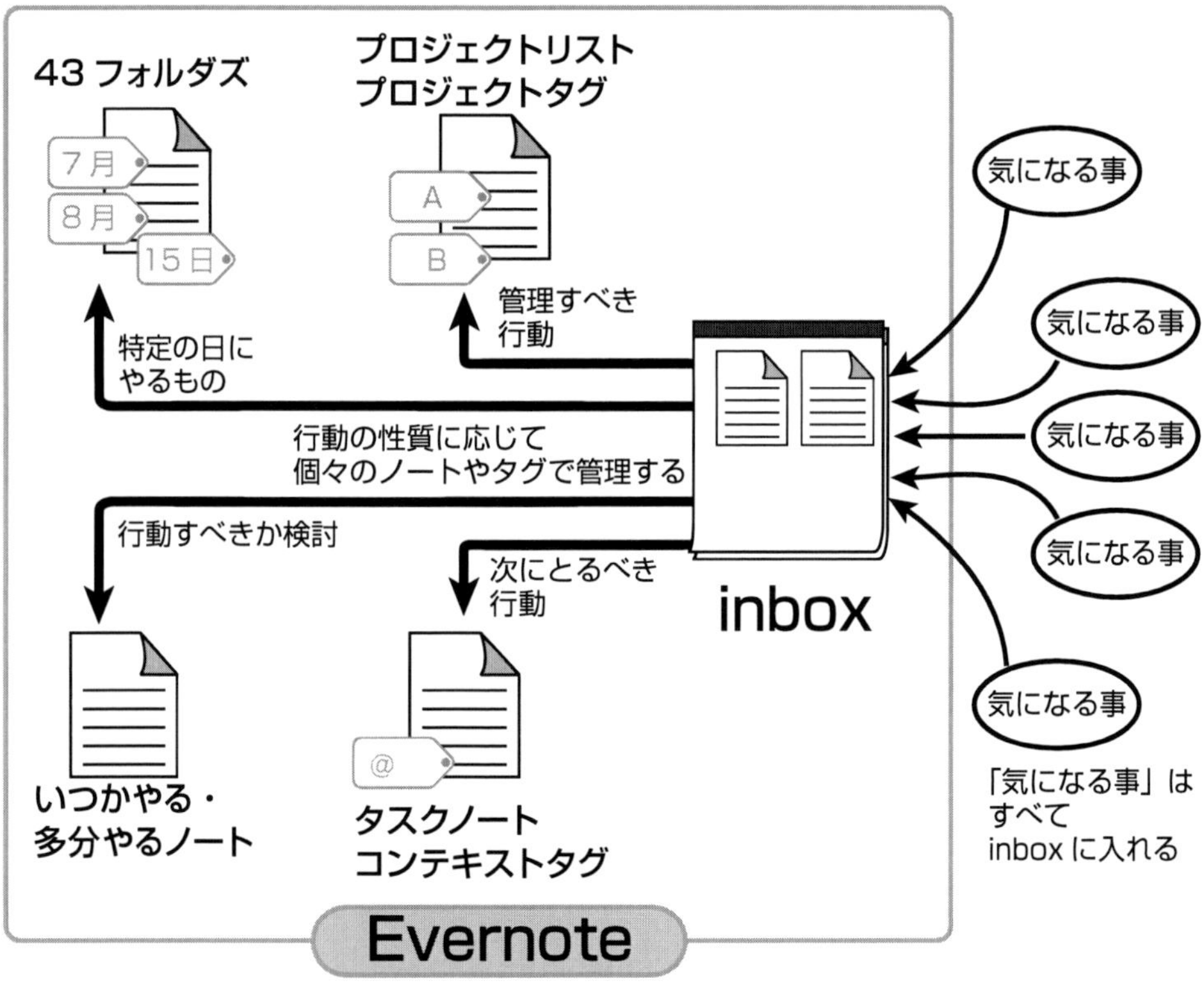

30

inboxのノートブックを作成する

まずは収集ステップの「**inbox**」を作成します。要は左ページの手順で「**inbox**」というノートブックを作り、このノートブックを「既定のノートブック」に指定します。この指定をしておけば、メールで送られてきたノートはすべてこのノートブックに入る事になります。

このノートブックは目に付きやすいように一番上に表示させておいた方がよいかもしれません。ノートブックの順番の並べ替え機能は今のところ付いておらず、アルファベット順に自動的に並べられます。任意の順番に並べたい場合は、ノートブックの名前を「**000 inbox**」と頭に数字を付ける事でノートブックの表示順を操作する事ができます。

「既定のノートブック」を作成するには

GTDをEvernoteで実践するための準備として、「inbox」を既定のノートブックとして作成します。

1 [新規ノートブックの作成]の選択

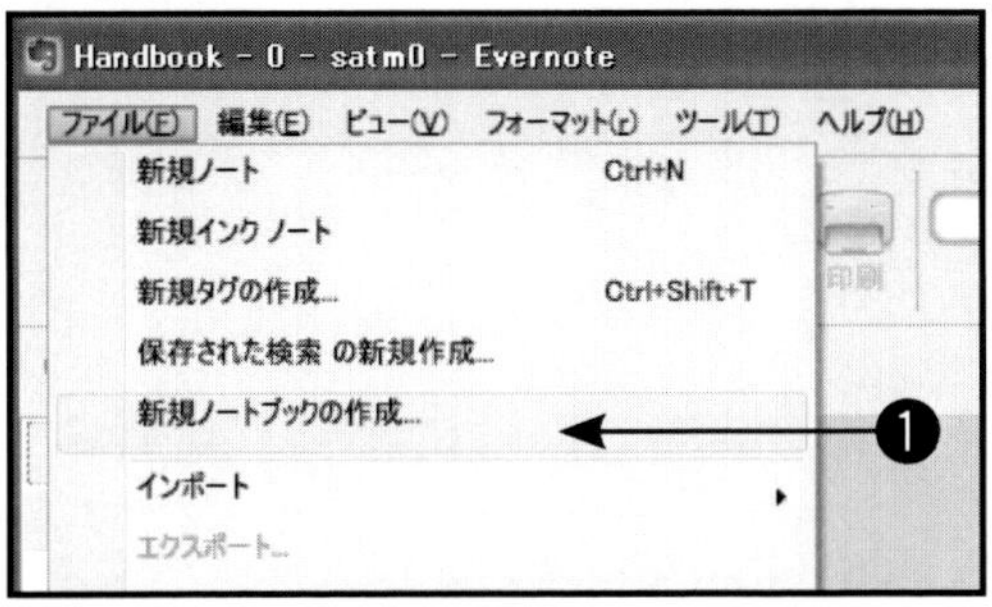

❶ [ファイル]メニューから[新規ノートブックの作成]を選択します。

2 ノートブックの名前と属性の設定

❷ 「inbox」として使用するノートブックの名称を入力します。ここではノートブックのリストの先頭に表示されるように「inbox」の前に「000」を付けています。

❸ [このノートブックを既定にする]をクリックします。

❹ [OK]ボタンをクリックします。

3 既定のノートブックの作成

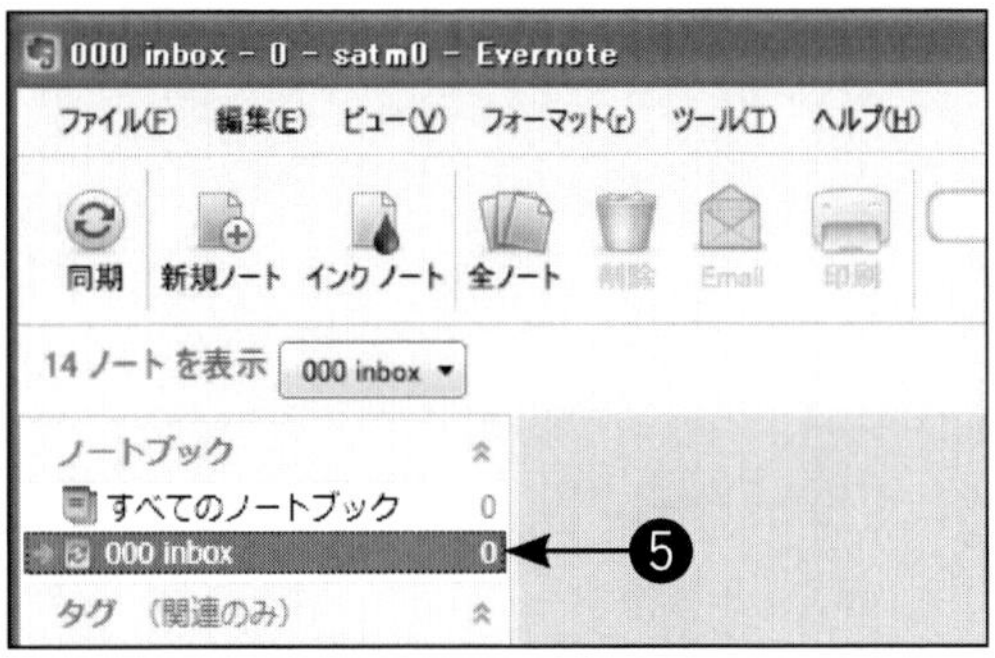

❺ ノートブック「000inbox」が作成されます。

最初の収集では紙に書き出す

初めてＧＴＤをやり始める人であれば、最初の収集ステップで集まる「気になる事」は相当な数に上ると思います。**Evernote**にノートを作りそこにひたすら「気になる事」を記入していく事もできますが、最初の収集ステップに関しては紙とペンを使って書き出した方がよいかもしれません。

紙はノートでもコピー用紙でもかまいません。Ｂ５サイズかＡ４サイズの大きめの紙に仕事に関する事から、プライベートに関する事まで、重要な事から些細な事まで、頭に浮かんできた「気になる事」をすべて書き出していきましょう。

頭の中にある気になっているものをすべて出し終えたら、１３３ページのフローに従って１つずつ処理していきます。紙に書き出した場合は、それを**Evernote**に入力していく作業が必要になります。ここは時間がかかるので、じっくりと取り組みましょう。

日々の「気になる事」はメールやiPhoneで追加する

一度大がかりな収集を終えてしまえば、後は日々に出てくる「気になる事」をその都度収集するだけです。これは思いついた時にメールで**Evernote**に送っておくとよいでしょう。

普段から持ち歩く携帯に**Evernote**のアドレスを登録しておくか、第2章で紹介した**iPhone**の「**FastEver**」のようなアプリケーションを使えば便利です。

31 EVERNOTE プロジェクトリストをEvernoteで実現する

処理ステップの「気になる事」を整理する段階でいくつかのリストが必要になってきます。そのリストも**Evernote**で作成・管理する事ができます。

まずはプロジェクトリストを**Evernote**で作ってみます。このリストはレビューのタイミングで見直して、タスクの拾い忘れがないか、全体の進捗状況はどうなっているかを確認するためのものです。

ノート1つにすべてのプロジェクト名を書き込んでいく事も可能ですが、ここでは1プロジェクトに1つのノートを割り当てるやり方を紹介しておきます。

ノートのタイトルをプロジェクト名にして、本文には関係する情報を記入していきましょう。本書ではこのノートを「プロジェクトノート」と呼ぶ事にします。次のようなポイントで書いていきます。

- プロジェクトの経緯
- どうなればプロジェクトが終わりになるのか
- プロジェクトのすべてのタスク（作業）
- 関連する人
- プロジェクトに対する自分の意見や感想

特に長期にわたるプロジェクトや新しく始めるプロジェクトならば、どのような経緯があったのか、どうなればそのプロジェクトが終わりとなるのか、必要なタスクは何か、という事を洗い出しておかないと、全体像があやふやになってしまいがちです。短いプロジェクトや手慣れたプロジェクトならばすべてのタスクだけでも充分でしょう。

次ページはプロジェクトノートのサンプルです。ノートはレビューの度にチェックし、新たに必要になったタスクや新しい情報などを追加していきます。またプロジェクトが終了した際も、振り返ってみて反省点などを書き込んでいきましょう。

こういった作業をやっておけば最初は「予定表」だったものが、プロジェクト終了後には「作業記録」として残る事になります。

これらのプロジェクトノートの管理方法もいくつかの方法が考えられます。効率性の高い方法としては、次のようなものがあります。

- 「プロジェクトノート」というノートブックを作ってそこに入れる
- 「プロジェクト」というタグを

◉ プロジェクトノートの書き方

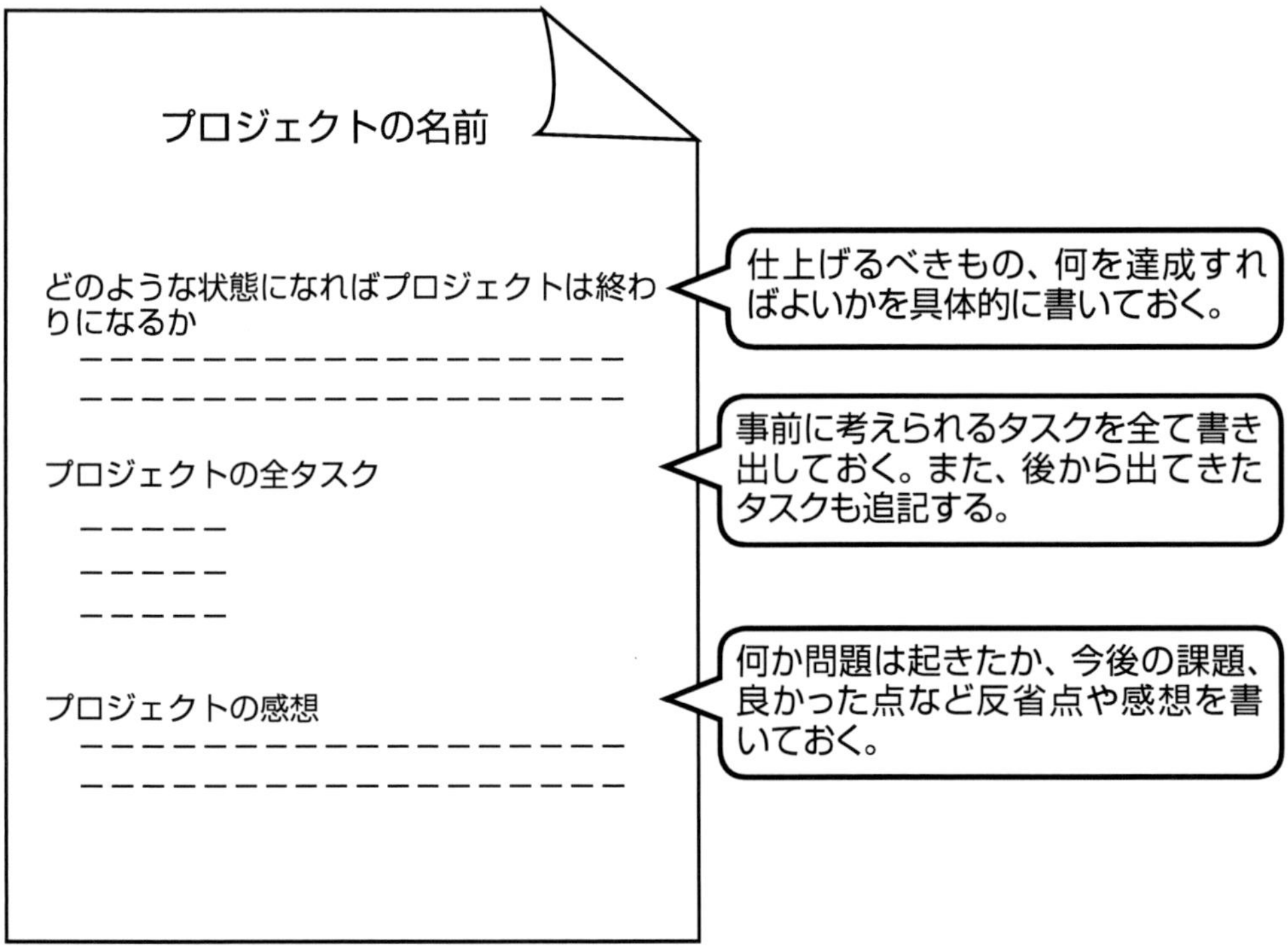

プロジェクトの名前
どのような状態になればプロジェクトは終わりになるか
プロジェクトの全タスク
プロジェクトの感想
仕上げるべきもの、何を達成すればよいかを具体的に書いておく。
事前に考えられるタスクを全て書き出しておく。また、後から出てきたタスクも追記する。
何か問題は起きたか、今後の課題、良かった点など反省点や感想を書いておく。

付けてその他のリストと同じノートブックに入れる

前者のように専用のノートブックを作った方がそれぞれのノートに簡単にアクセスできます。ノートブックの数をあまり増やしたくない人は後者の方法を取って、「検索結果を保存」しておけばレビューの際にすばやくリストにアクセスできるようになります。

◉ プロジェクトノートの例

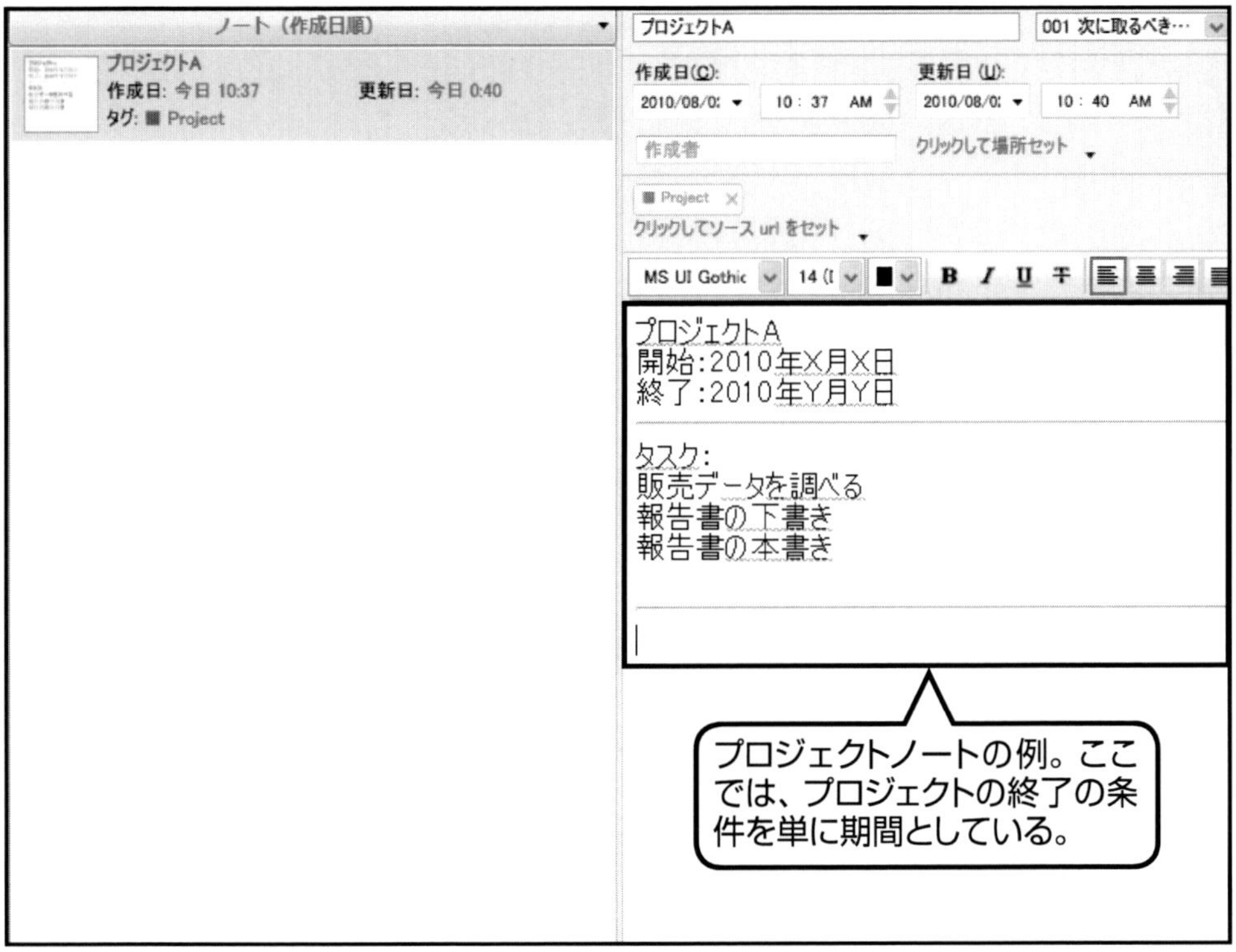

32

EVER NOTE

タスクとプロジェクトの管理

先ほどの「プロジェクトノート」はタスクの全体像を管理するものです。それらの中には次にとるべき行動もあれば、しばらく後でないと実行できない行動も含まれているはずです。

それらのタスクの中から「次にとるべき行動」だけを新しいノートに写します。このノートには、1つのタスクのみを書き込んでください。この単一のタスクを書いたノートを「タスクノート」と呼んでおきます。プロジェクトノートがタスクの台帳で、タスクノートがその写しです。日常で「次にとるべき行動」を見付ける場合には、このタスクノートを参照する事になります。

もしプロジェクトに所属しないようなタスクの場合は、タスクはこのタスクノートのみに存在する事になります。そういったタスクは1回きりの場合が多く、全体像の管理も必要ないのでプロジェクトノートのような原本は必要ありません。

このタスクノートは「次にとるべき行動」や「次の行動」という名前のノートブックを作って、そこにすべて入れておきましょう。もし**inbox**を「000 **inbox**」という名前にしているならば、「001 次にとるべき行動」や「001 **NextAction**」という感じに、**inbox**の近くに表示させておけば見やすくなると思います。

プロジェクトノートとタスクノート

たとえばプロジェクトノートに、次の3つのタスクがあったとします。

◉ プロジェクトノートとタスクノートの関係

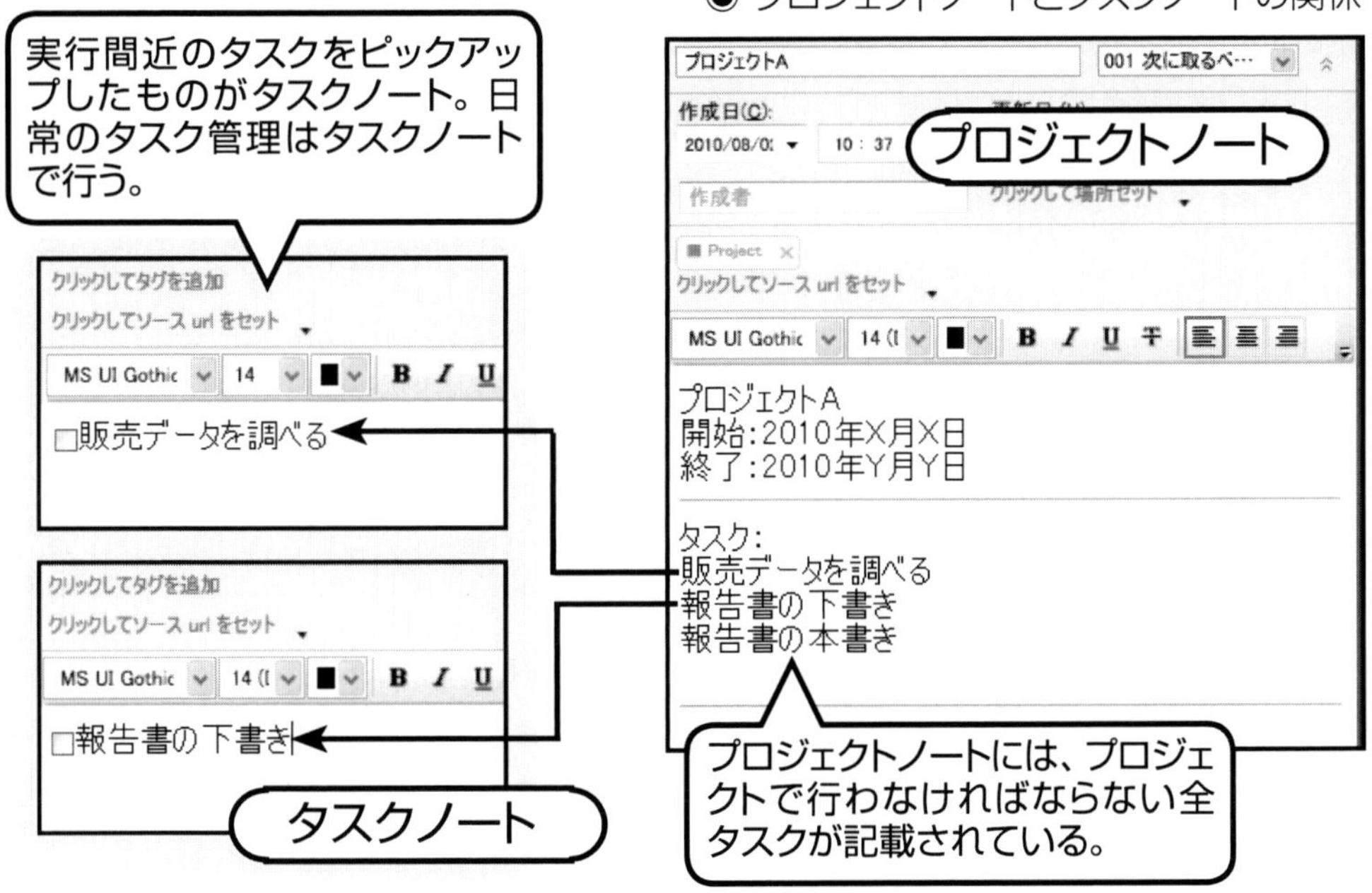

- 販売データを調べる
- 報告書の下書き
- 報告書の本書き

「販売データを調べる」と「報告書の下書き」はすぐに実行できるが、「報告書の本書き」に関しては今週中にはできない（するつもりがない）とします。

この場合は、「販売データを調べる」と「報告書の下書き」という2つのタスクノートを作っておきます。このノートにチェックボックスを付けておけば、後の検索時に便利です。

◉ タスクノートの作成

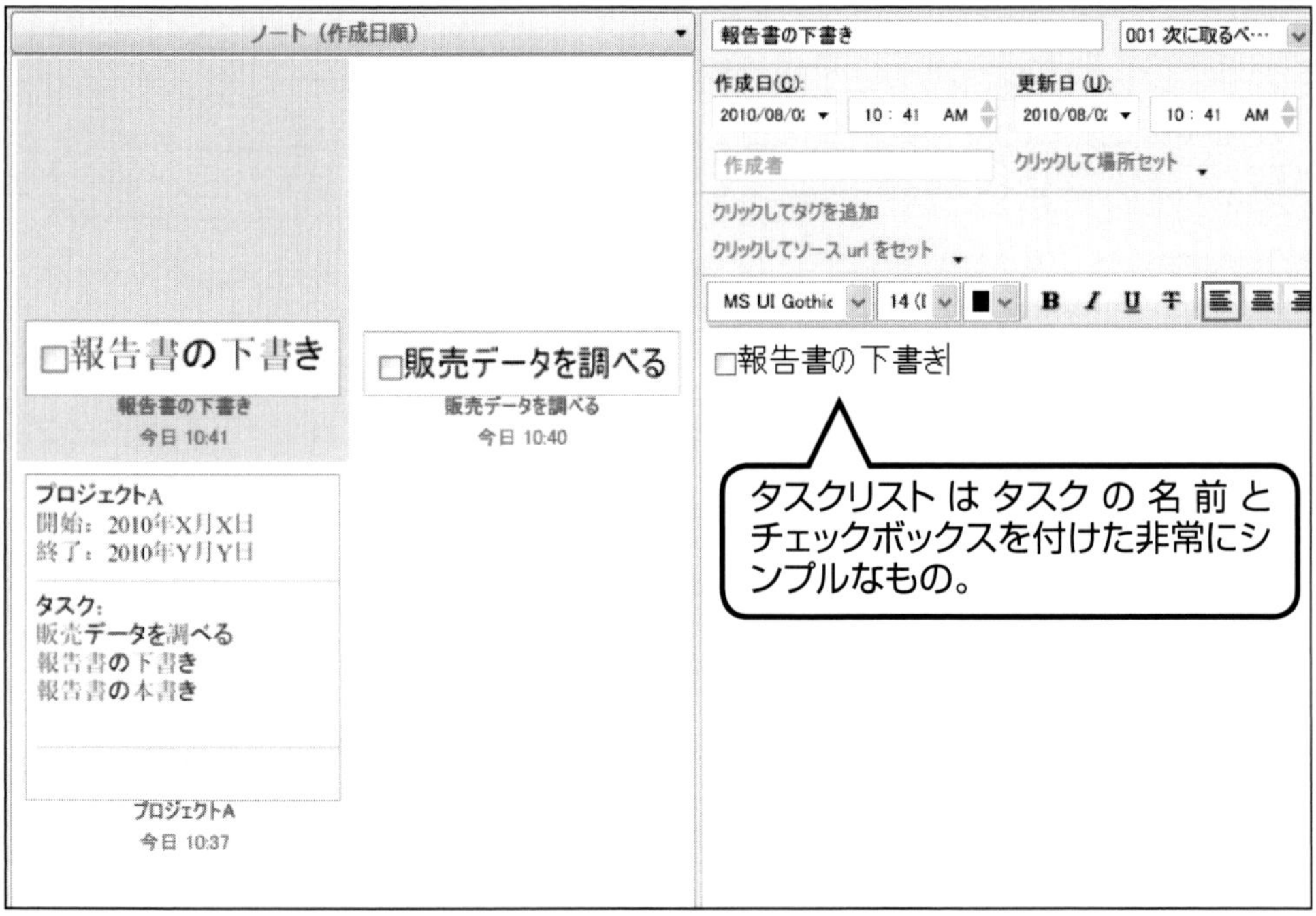

チェックボックスを付けないならば、「次にとるべき行動」というタグを付けておけばよいでしょう。これも同様に、そのタグでの検索を保存しておく事でアクセスしやすくなります。

タスクを処理し終えたら、チェックマークにチェックを入れるか、ノートブックを移動させておく事で検索結果からはじく事ができます。これで終了したタスクは目に入らなくなります。

◉ タスクノートの完了

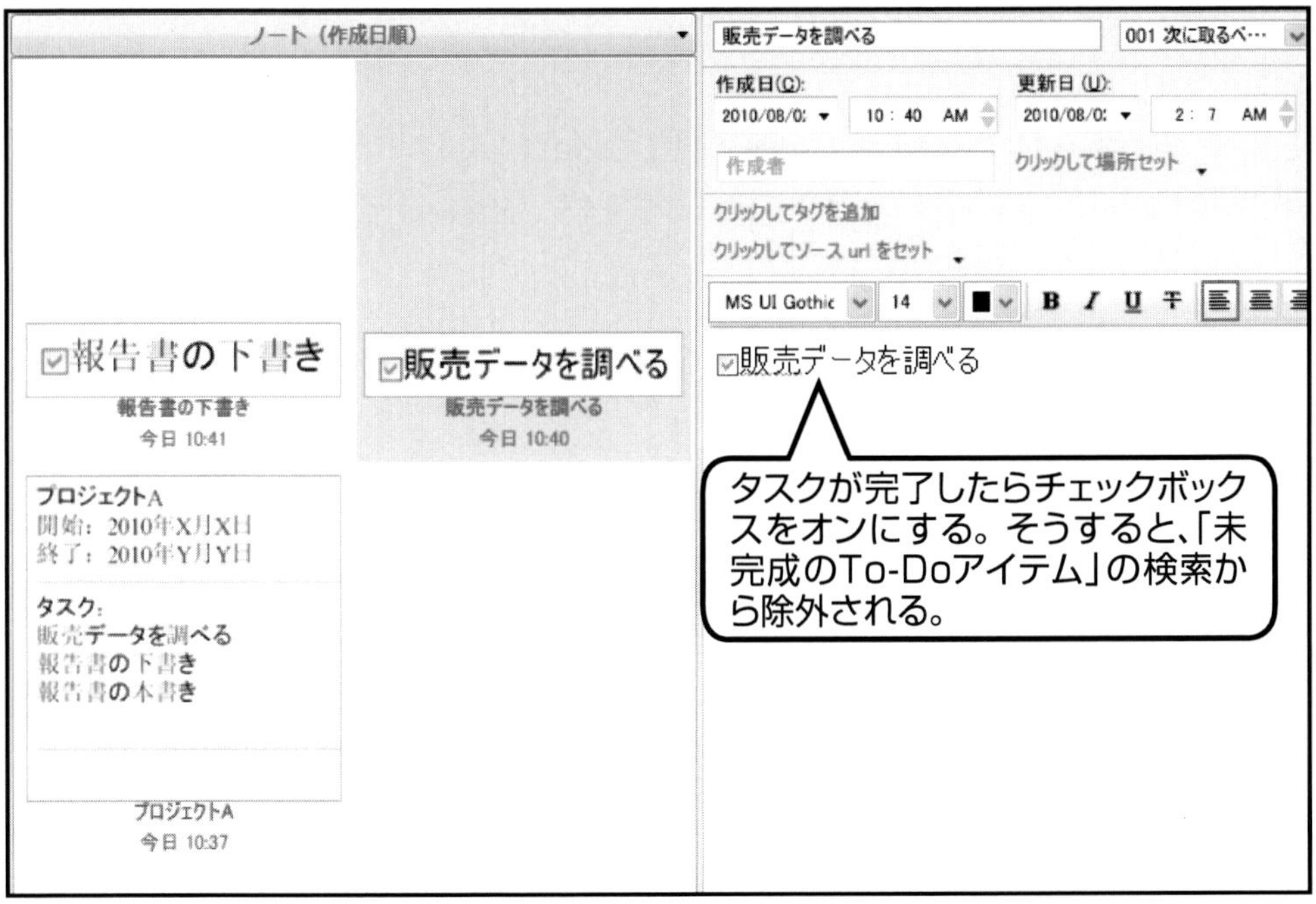

プロジェクトのレビュー

1週間単位でレビューをする場合ならば、そのレビューの際にプロジェクトノートをチェックして進行状況を確認します。先ほどの例で挙げた「報告書の本書き」を次の週でやると決めたのならば、そのタスクノートを作っておきます。

もし、すべてのタスクをやり終えプロジェクトが終了したならばプロジェクトノートに反省や改善点などを書いておいて、「作業記録」というタグを付けておきます。これで次回同様のプロジェクトを行う場合には、どのようなタスクがあったのか、問題点はなんだったかを参照して、計画を立てる事ができます。

33

「次にとるべき行動」を管理するコンテキストタグ

さまざまな状況に応じた「次にとるべき行動」があるはずです。たとえばパソコンを使ってやる作業、自宅でやる作業、ネット環境がなくてもできる作業、本屋で買うもの、空き時間でする事……。それぞれの状況が「コンテキスト」です。そのような状況になった時、すぐにタスクを参照できるようにそれぞれの状況名のタグを作っておいて、タスクノートに付けておきましょう。そのタスクが複数の状況に当てはまるならば、それぞれのコンテキストタグを付けておきます。

コンテキストタグとしては「@オフィス」「@自宅」「@PC」「@電話」「@買い物」などが考えられます。一般的な言葉が使われるので、他のタグと競合しないように前に@などのマークを付けておくと便利です。

これらのコンテキストタグとチェックボックスの有無を対象にしてノートを検索すれば、状況に応じたタスクを見つけ出す事ができます。具体的には「001　次の行動」のノートブックに入っている「@オフィス」タグが付いている「未完了の**To do**アイテム」が含まれているノート、という感じです。

この検索を保存しておけば、すぐにその状況でやるべきタスクを見付ける事ができます。**iPhone**からもＰＣで保存した検索を使う事ができるので、「@営業先」「@買い物」というタ

◉ コンテキストタグの活用

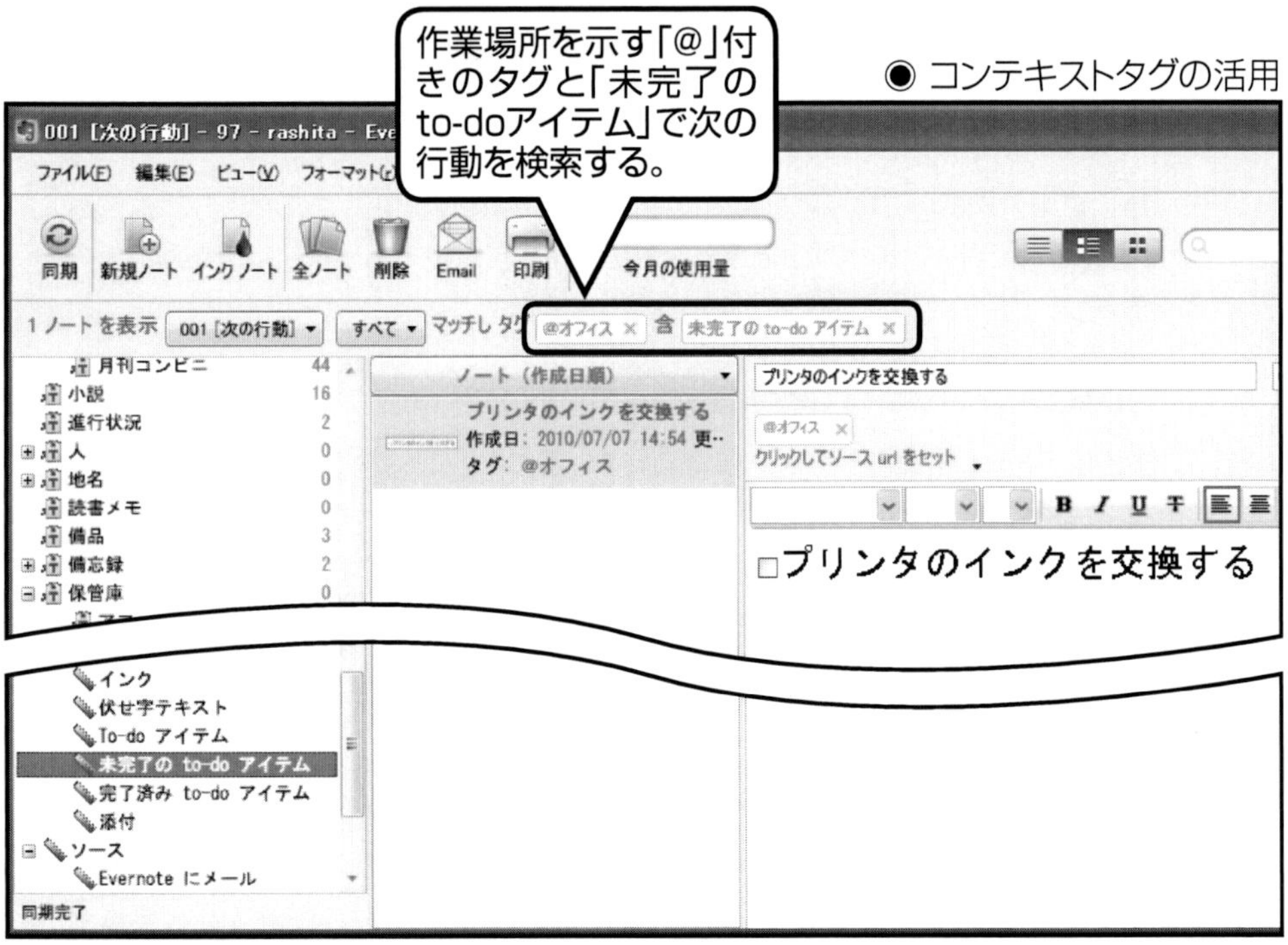

グを含むタスクの検索を保存しておけば、出先でもタスクリストにアクセスする事ができます。

ちなみにWindows版のEvernoteであれば、検索条件であるノートブック、タグ、属性などをすべて選択した後に、「ファイル」メニューから「保存された検索の新規作成」を選ぶ事で検索を保存しておく事ができます（110ページ参照）。

34

「43フォルダズ」でリマインダーを実現する

仕事に必要そうな資料やプロジェクトの参照情報は第2章、第3章で紹介してきた方法を使って**Evernote**に集約する事ができます。大きなプロジェクトであれば専用のノートブックを作ってそこに集めておけばよいでしょう。それ以外であればプロジェクト名のタグを作り、それを付けておけばレビュー時にチェックし忘れるのを防ぐ事ができます。

「次にとるべき行動」や「プロジェクト」に関係するタスクや情報以外にも「気になる事」はあるはずです。たとえば、日付に関連する情報やタスクです。「今週の木曜日に○○さんに会いに行く」「来月の頭に旅行会社に電話する」、そういった情報の扱いは本来カレンダーでやるのが一番です。実際のカレンダーに記入するか、**Google**カレンダーなどのウェブカレンダーを使っていればそういったタスクを忘れる事は少なくなるでしょう。こういった記憶忘れを防いでくれるツールを「リマインダー」と呼びます。

Evernoteでもタグを使えばリマインダーの機能を持たせる事ができます。しかも「書類をチェックする」というタスクの場合、その書類を探す必要はありません。その書類のデータが入ったノートが「リマインダー」になるからです。いわば「情報」と「リマインダー」がセットになる環境を作る事ができます。

43フォルダズ

Evernoteで日付に絡むリマインダーを実現するには「43フォルダズ」の仕組みを使います。「43フォルダズ」は1月から12月までの12枚のフォルダと、1日から31日までの31枚のフォルダを使って書類等を特定の日付に忘れないようにチェックできるシステムです。フォルダにはクリアファイルがよく使われます。

今日が7月15日だとすれば、フォルダは次ページの図のように並んでいます。

◉「43フォルダズ」の概念図

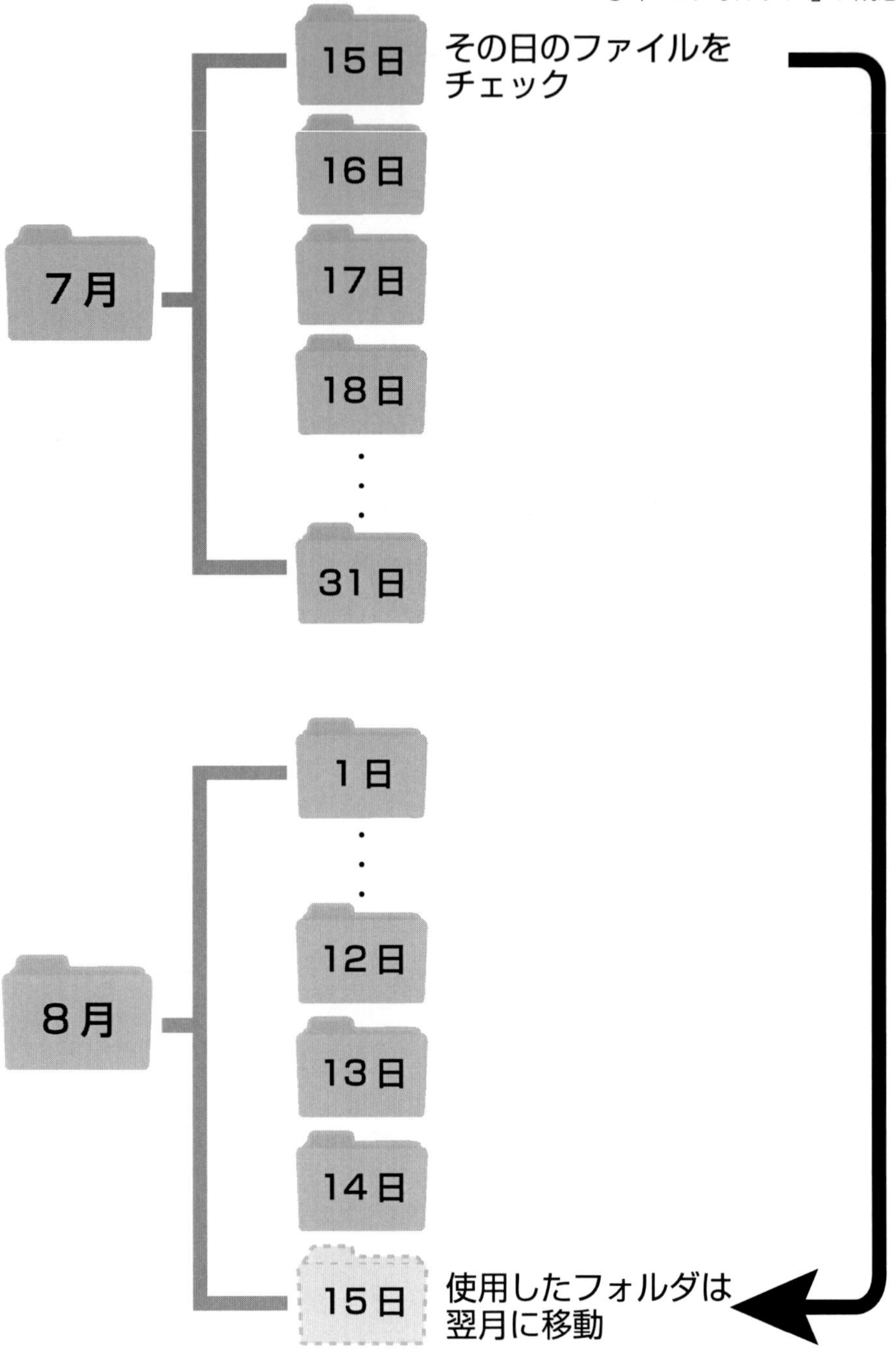

その日の処理が終われば、15日のフォルダは次の月に送られ、8月15日用のフォルダになります。15日のフォルダを送ったら、一番手前に16日のフォルダが来ます。次の日はこれをチェックすればよい、という仕組みです。日付で確認をしたい書類が出てきたら、チェックしたい日付のフォルダに入れておけばよいわけです。

毎日フォルダをチェックして次に送るというだけの非常にシンプルな仕組みですが、この方法を使っていれば日付に絡む書類を見落とす事はなくなります。

この仕組みを**Evernote**で実現するためにはタグを使います。実際のファイルと同じように1月から12月までのタグと、1日から31日までのタグを作ればそれで準備完了です。

実際のファイルと違って**Evernote**は長期的にノートを保存する事が目的の1つですから「年」タグを作っておいてもよいでしょう。もし、処理済みのノートのタグを消去してしまうのであれば「月」「日」のタグだけで、「年」は残しておいてかまいません。また年ごとのノートブックを作っておいて、使用済みはそちらに移動する方法もあります。

特定の日付に見直す必要のあるものは、そのノートに月のタグと日のタグを付けておき、毎朝その日の日付に合わせたタグでノートをチェックしていけば、ノートの見落としはなくなります。

◉「43フォルダズ」のEvernoteでの利用例

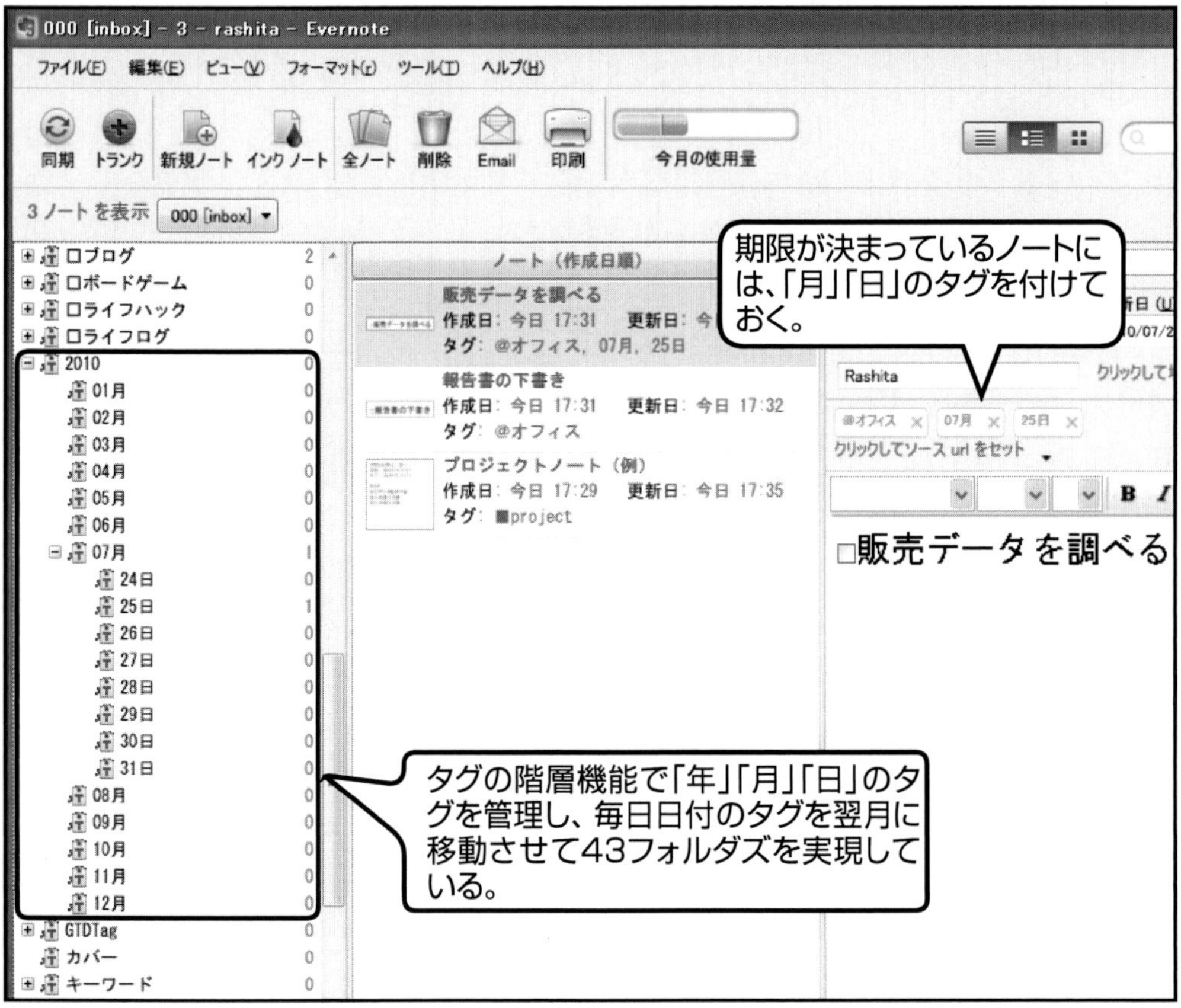

35 自分に合ったGTDを実現するには

これでGTDで必要なものが**Evernote**で実現できました。シチュエーション別のタスクリスト、プロジェクトの全体像、参考資料などをどこからでも参照できるようになります。それと共に新しく入ってきた「気になる事」はメールを経由して**inbox**に送る事ができます。

今回紹介した方法はあくまで1つの例でしかありません。特にタグとノートブックについては多様なアレンジ方法があります。またカレンダーなどは専用のアプリケーションを使った方が便利かもしれません。カレンダーアプリケーションの多くは、リマインダーの機能が付いていて、予定をメールで送る事ができます。そのメールの宛先を**Evernote**に指定する事で、毎朝**Evernote**を確認すれば必要な動きが把握できる状況を作る事もできます。

他のアプリケーションと連携する

また他のアプリケーションとの連携はメールを使うものだけではありません。Evernoteはアプリケーションを外部から操作できるＡＰＩというものが公開されているので、それを使ってシームレスな連携を実現しているアプリケーションもすでにいくつか存在しています。今後Evernoteが普及していけば、そのようなアプリケーションはもっと増えてくるでしょう。そのようなアプリケーションも視野に入れながらタスク管理をアップデートしてみてください。

本書では、EvernoteでＧＴＤを実践する上で役立つアプリを紹介しておきます。

Egretlist

Evernoteを使ってＧＴＤを実践する上で便利なのが「Egretlist」というiPhone用アプリケーションです。「Egretlist」はEvernoteのノートを閲覧・作成するためのアプリなのですが、少々変わった特徴を持っています。基本的に「タスク管理」しかできないようになっています。

具体的には次のような機能です。

- Evernote内のチェックボックスの付いたノートしか閲覧できない。
- ノート内のチェックボックスにチェックマークを入れられる。
- チェックボックス付きのノートを作成できる。

Evernoteは使用すればするほどノートの数は増えていきます。このアプリではチェックボックス付きのノートとしか同期しないため全体のノートの数が増えてもあまり影響がないというのが特徴です。

また**Evernote**公式の**iPhone**アプリではチェックボックスを付けたノートを作成

◉ Egretlist

Egretlist
対応機種：iPhone
価格：350円
App Storeカテゴリ：仕事効率化
© Juan G. Arzola, Carlos Rocafort IV

することができません。そういう意味で、うまくEvernoteのアプリと補完関係を作っているアプリだと言えます。

コンテキストやプロジェクトなどGTDを初めから意識した作りになっているので、GTD＋Evernoteの形を作りやすいのがポイントです。特に外出先で頻繁にリストを確認する場合はこのアプリを選択の候補にいれておいても良いでしょう。

GTDの要点とは

最後にGTDの要点だけをもう一度まとめておきます。

- 頭の中の「気になる事」を〝すべて〟頭の外に追い出す
- そのすべての「気になる事」について、求めるべき結果と次にとる行動を決めよう
- 決めた「とるべき行動」を信頼できるシステムで管理し、定期的に見直す

これらを実現するために、Evernoteを「信頼できるシステム」として使うわけです

が、すべてをEvernoteで実践する必要はありません。資料やプロジェクトの参考情報やプロジェクトの全体像などはEvernoteで管理して、個別のタスクは、タスク管理のアプリケーションで行う、というやり方も可能です。ポイントは脳をタスクの置き場所や情報の倉庫にしない、という事です。

Evernoteが多様な使い方ができるように、ＧＴＤもその実装のやり方にはさまざまな方法があります。今回紹介した使い方の例を参考にしながら、上に挙げたポイントを実現できる自分なりの方法を見つけ出してみてください。

Column

電子書籍を「自炊」する?

情報をなんでもEvernoteに詰め込む作業をしていると、出てくるのが「書籍の扱い」の問題です。ページ数が多いので1ページずつスキャンするのはかなり面倒です。Evernoteを使いこなしている人の中には、これらの本を自力で電子書籍化している人もいます。

準備するものは以下の通り。

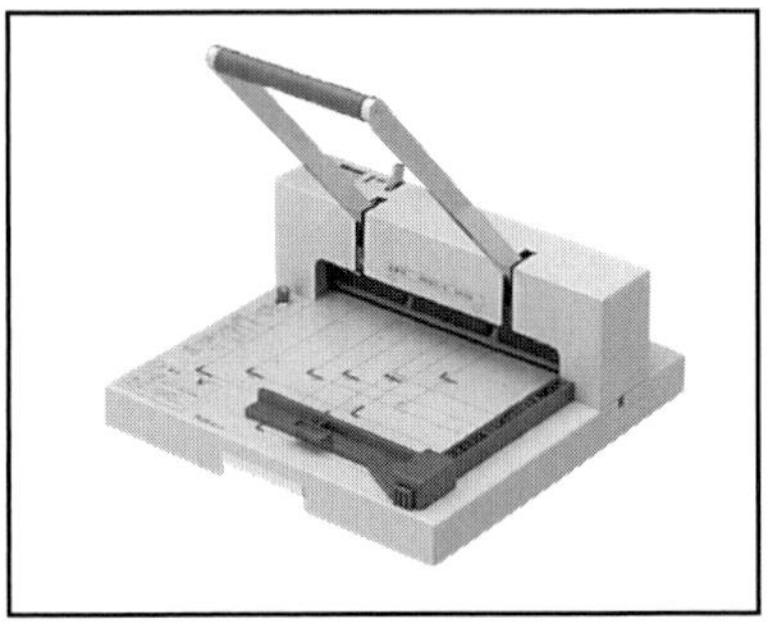

- ◆電子化したい書籍
- ◆Scansnapなどのドキュメントスキャナ
- ◆断裁機(右はPLUSのPK-513-26-106)

書籍の背を断裁機でばっさり切り落とし、ページを1枚ずつに分解し、それをドキュメントスキャナで両面読み込みしていく(なお、断裁機でカットする際には、正本用のホチキス針や樹脂などを断裁すると刃こぼれ等を起こしやすいので注意。また、背中をのり付けしている雑誌なども断裁に不向きなようである)。後は、それをEvernoteに入れれば完成です。

断裁機で切り落とされた本は本としての役割は終えてしまいますが、Evernoteで閲覧できるようになる上に、OCR機能を使っていれば検索する事もできるようになります。

私はこういった行為に「恐れ多さ」を感じてしまうので、必要なページをスキャンする程度に止めています。最近ではこういった裁断からスキャンを引き受けているようなビジネスもあるようなので、今後は普及していくかもしれません。

CHAPTER

5

「自分専用データベース」で人脈管理

36

自分専用データベースとしてEvernoteを活用する

これまでの章でEvernoteを使った「情報管理」と「タスク管理」ついて紹介してきました。クラウド時代のマルチメディアノートの使い方はそれだけではありません。さまざまな情報を扱う事ができ、ノートブックとタグによる分類と多様な検索軸を持つEvernoteはアイデア次第で幅広い使い方の可能性を秘めています。

単に一時的に情報を保存しておくだけの保管スペースではなく、長い期間をかけてこつこつと情報を蓄積していくように設計されているEvernoteは一種のデータベースとして使う事ができます。

人の情報

ビジネスの現場で必要になってくるのは仕事に関係する情報だけではありません。人に関する情報も重要なものです。そういった人に関する情報の多くは「名刺」

という形で管理されています。

Evernoteを使えば、単なる名刺管理を超えて、その人との仕事のやりとりを含めた総合的なデータベースを作る事ができます。

また最近では、セルフブランディングがビジネスパーソンの間で注目されています。自分自身を積極的にアピールしていく事で会社に頼らない仕事ができる状態を確立していく活動がセルフブランディングの主な目的です。そういった活動を行う際には、自分に関する情報も集めておき、いつでも他人

名刺を死蔵させない人脈データベース

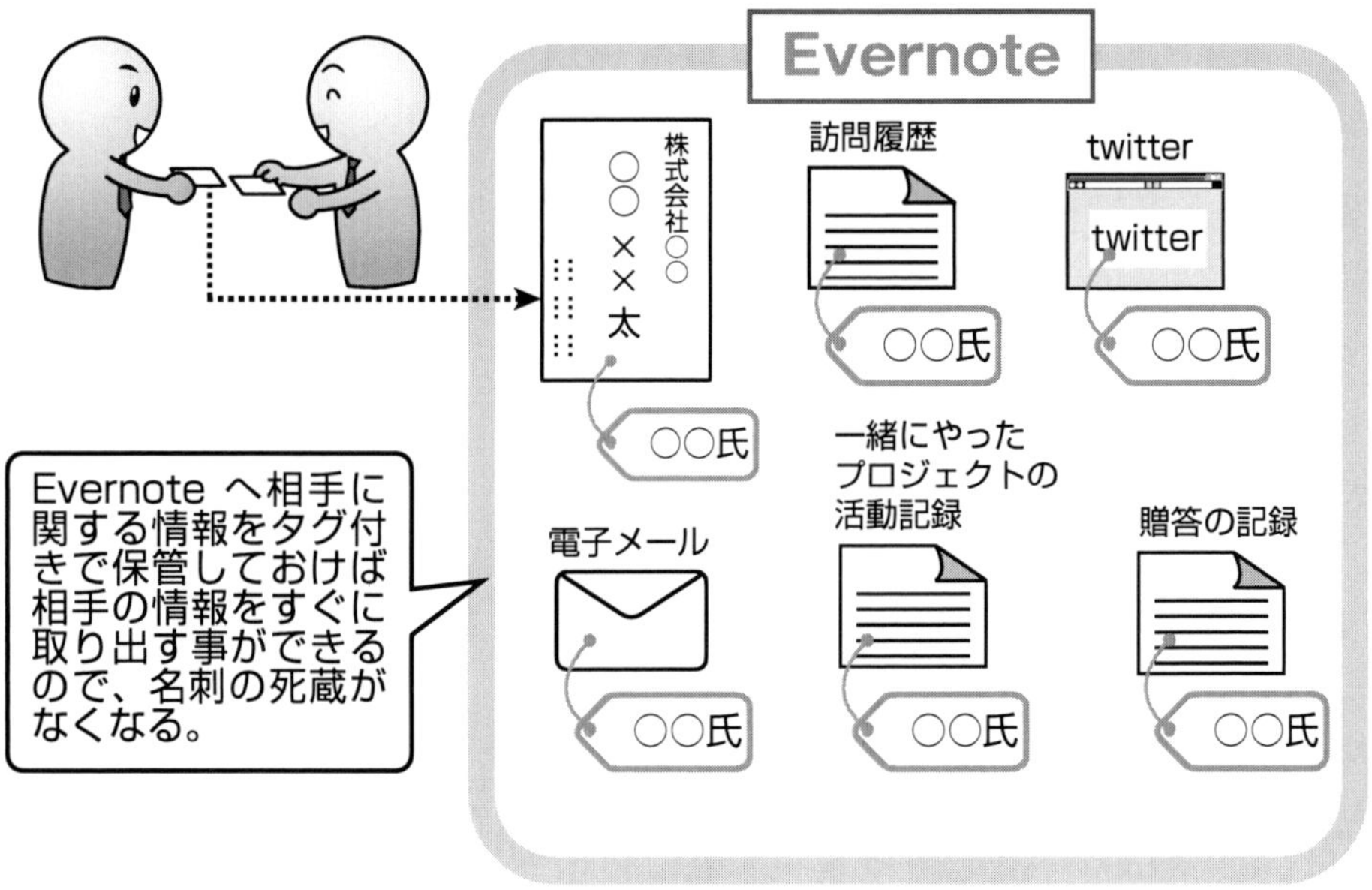

に向けて発信できる状況を作っておく必要があります。

これらの仕事相手と自分という2つの人に関する情報を集めた「人脈データベース」を**Evernote**で構築する事ができます。

その他の使い方

Evernoteが使えるのは仕事だけではありません。持ち物の管理を目的としたデータベースも作る事ができます。**iPhone**とあわせて使えば、自分の持ち物をいつでも参照する事ができるようになります。

この章では、**Evernote**をさらに活用する「自分データベース」としての活用事例について紹介してきます。

37

まずは名刺の死蔵をなくす事から始めよう

ビジネスの現場では「名刺」の交換は日常風景です。みなさんも数多くの名刺を持っているのではないでしょうか。

さて、もらった名刺をどの程度活用できていますか？

数が多くなればなるほど古い名刺は活用されなくなります。数が多すぎて「見付けられない」というのが主な理由でしょう。

使われる資料の99％は1年以内に作られた資料だ、というナレムコの法則がありますが、名刺もそれに近い状況のはずです。だから、古い名刺が見つからなくても特別に困る事態はあまりないかもしれません。

しかし、困った時に助けてもらえるような人、あるいは企画を持ち込むべき相手から名刺をもらっているにも関わらず、その人の名刺を見付けられない事があるかもしれません。あるいは名刺をもらった事すらも忘れている人がいるかもしれません。できればそういった名刺の死蔵は無くしたいものです。

また、名刺は持っているが、その人とどのような仕事をしてきたのか、どんな交流があったのかを忘れてしまい、連絡を取りにくいという可能性もあります。

Evernoteで管理する事で、まず名刺の死蔵を無くす事ができます。そして、やりとりしたメール、会合の記録、一緒に行ったプロジェクト、交換した贈り物、その人の他の活動などを加えていく事によって**Evernote**が「人脈データベース」になります。

それは今まででは活用しきれなかった人脈の力を最大限活用するための力強いサポーターになってくれる事でしょう。

本章では、実際に「人脈データベース」を作る際の手順や注意点について紹介します。これらは絶対的なやり方ではありませんが、参考になる点は多く見付けられるはずです。

38 EVERNOTE

人脈データベースを作る①
名刺はその場でiPhoneで取り込む

もらった名刺をスキャンします。オフィスや自宅に持ち帰ってからスキャンしてもよいのですが、もし**iPhone**を持っているならばその場でカメラで撮影します。**iPhone**版 の**Evernote**の「スナップショット」で撮影すると、その場所の「位置情報」がノートに付け加えられます。位置情報を参照すれば、そのノートを見返した時にその人と最初に会った場所を地図で確認

◉ 名刺をその場でデータ化する

する事ができます。

名刺をスキャンした画像のノートが人脈データベースの基本ノートになります。これを「人脈ノート」と呼ぶ事にします。各ノートのタイトルはその人の名前にしておけばよいでしょう。

そのノートには最初に会った日や場所、何の要件で会ったのか、などの情報を記入しておきます。

◉ 名刺の位置データの確認

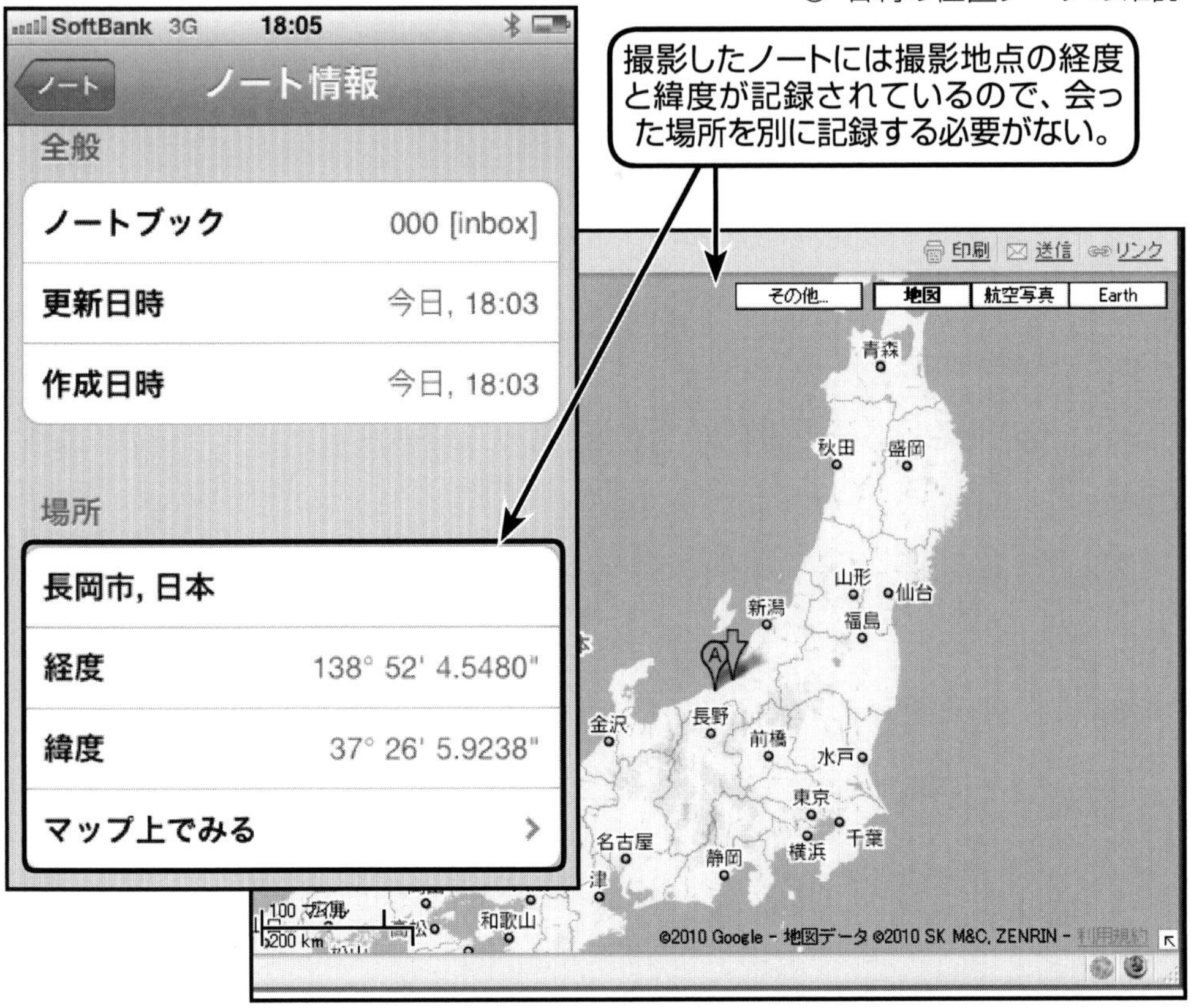

39

人脈データベースを作る② 再会の情報やもらった資料を追加する

その人と再び会った時や、何か一緒に仕事をした際には人脈ノートに情報を書き込みます。

同じようにいつ、どこで、どんな要件で会ったのか、あるいはどんな仕事をしたのかという事を追記していきます。ある程度情報のやりとりがあるならば、その人の名前のタグを作っておけば便利です。もらった書類などもスキャンし、その人のタグを付けておけば、「誰から持った書類」という記憶を頼りに書類を探す事もできます。

◉ 名刺データへの情報追加

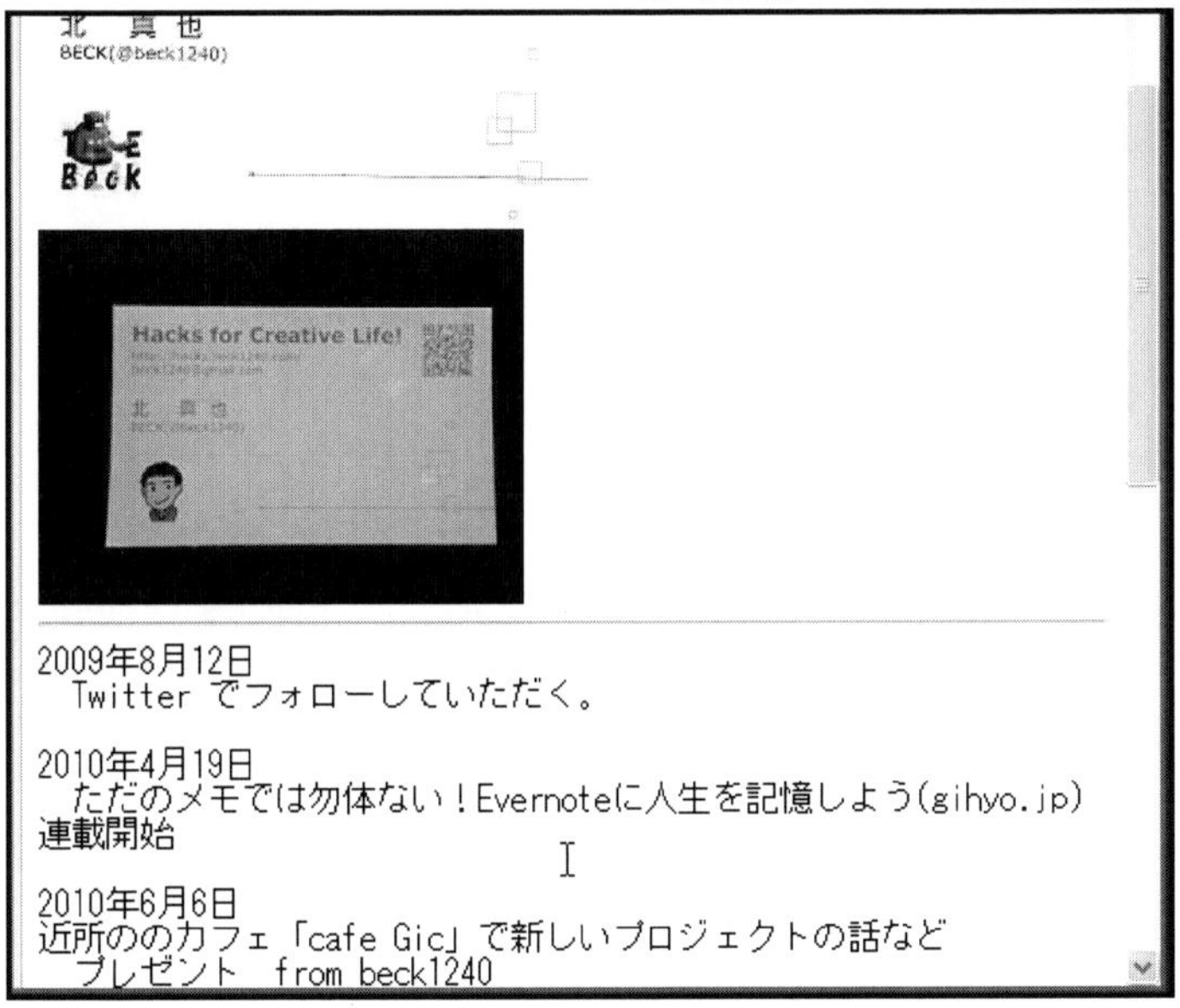
BECK(@beck1240)
Hacks for Creative Life!
2009年8月12日
Twitter でフォローしていただく。
2010年4月19日
ただのメモでは勿体ない！Evernoteに人生を記憶しよう(gihyo.jp)
連載開始
2010年6月6日
近所ののカフェ「cafe Gic」で新しいプロジェクトの話など
プレゼント from beck1240

40

EVERNOTE

人脈データベースを作る③ メールのやり取りを自動的に取り込む

一緒に仕事をする場合や、メールもかなりの頻度でやりとりする事になるでしょう。それらもEvernoteに入れておき、人物名のタグを付けておく事で、人材データベースの有益な情報になります。

私はGmailの「フィルタ」機能を使って特定の人から来たメールは自動的にEvernoteへ転送されるように設定しています。それ以外のメールでも重要そうな物はとりあえずEvernoteに転送しておきます。タグ付けをしておかなくても、たいていのメールにはその人の名前が記入されているので、名前で検索をかければそれらのメールを見る事ができます。

メールをEvernoteに保存しておくのは、バックアップ的な意味合いもありますが、やりとりを残しておいて後から振り返る意味合いもあります。

特定の送信者のGmailをEvernoteに転送するには

特定の送信者のGmailをEvernoteに取り込むには、Gmail側の設定が必要です。設定は大きく「転送先の設定」と「フィルタの設定」に分かれます。

1 Gmailの設定画面の表示

❶ Gmailの画面を表示し、[設定]をクリックします。

2 メール転送画面の表示

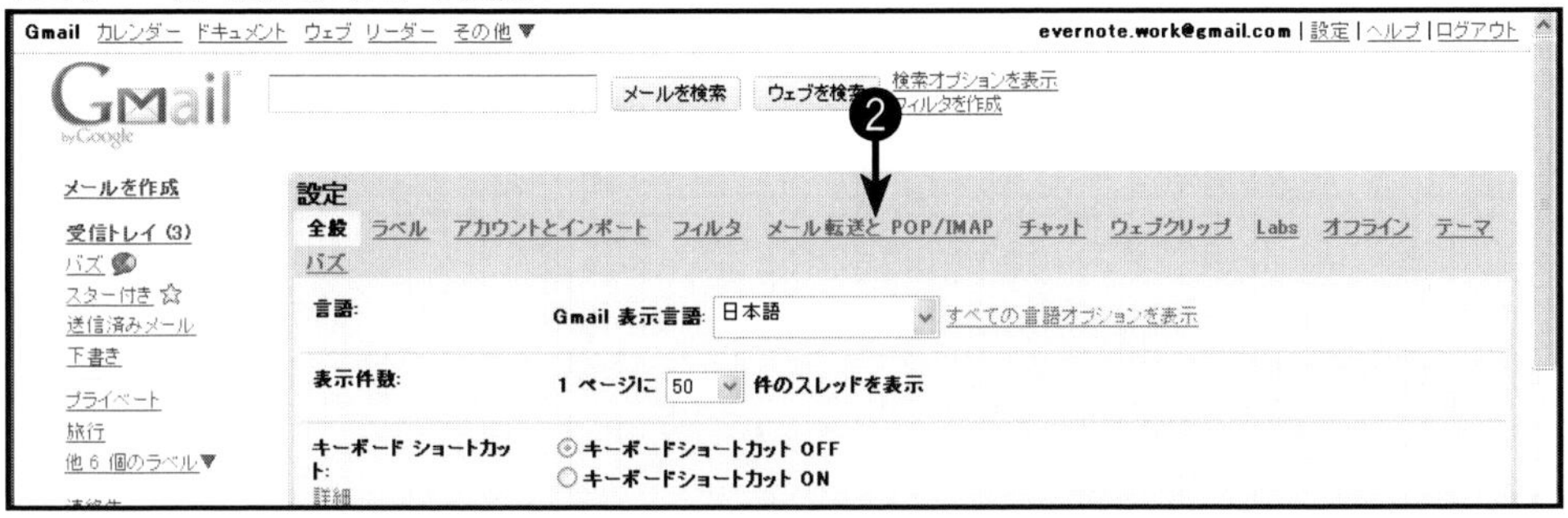

❷ Gmailの設定画面が表示されるので、[メール転送とPOP/IMAP]をクリックします。

3 転送先アドレスの追加

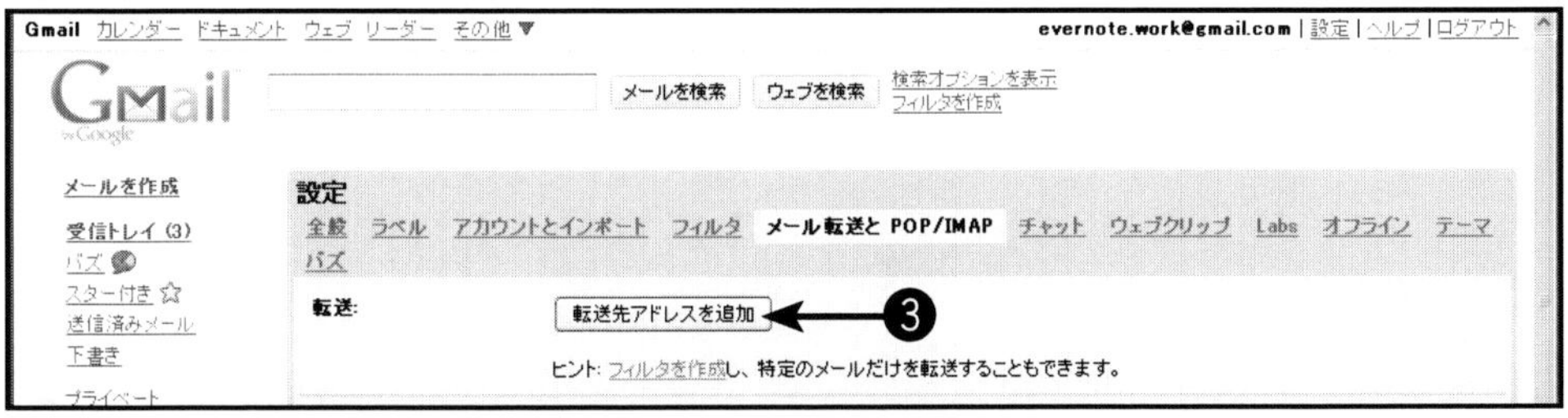

❸「メール転送とPOP/IMAP」画面が表示されるので、[転送先アドレスを追加]ボタンをクリックします。

4 転送アドレスの入力

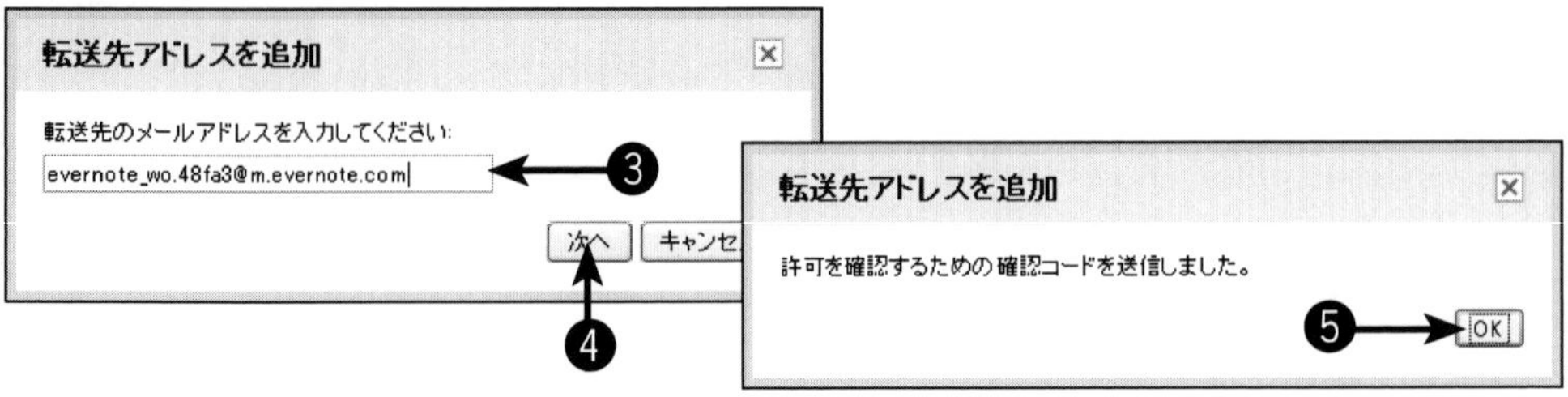

❸ メールの転送先アドレスを入力します。
❹ [次へ]ボタンをクリックします。
❺ 転送先アドレスに確認メールが送られます。[OK]ボタンをクリックします。

5 確認コードの入力

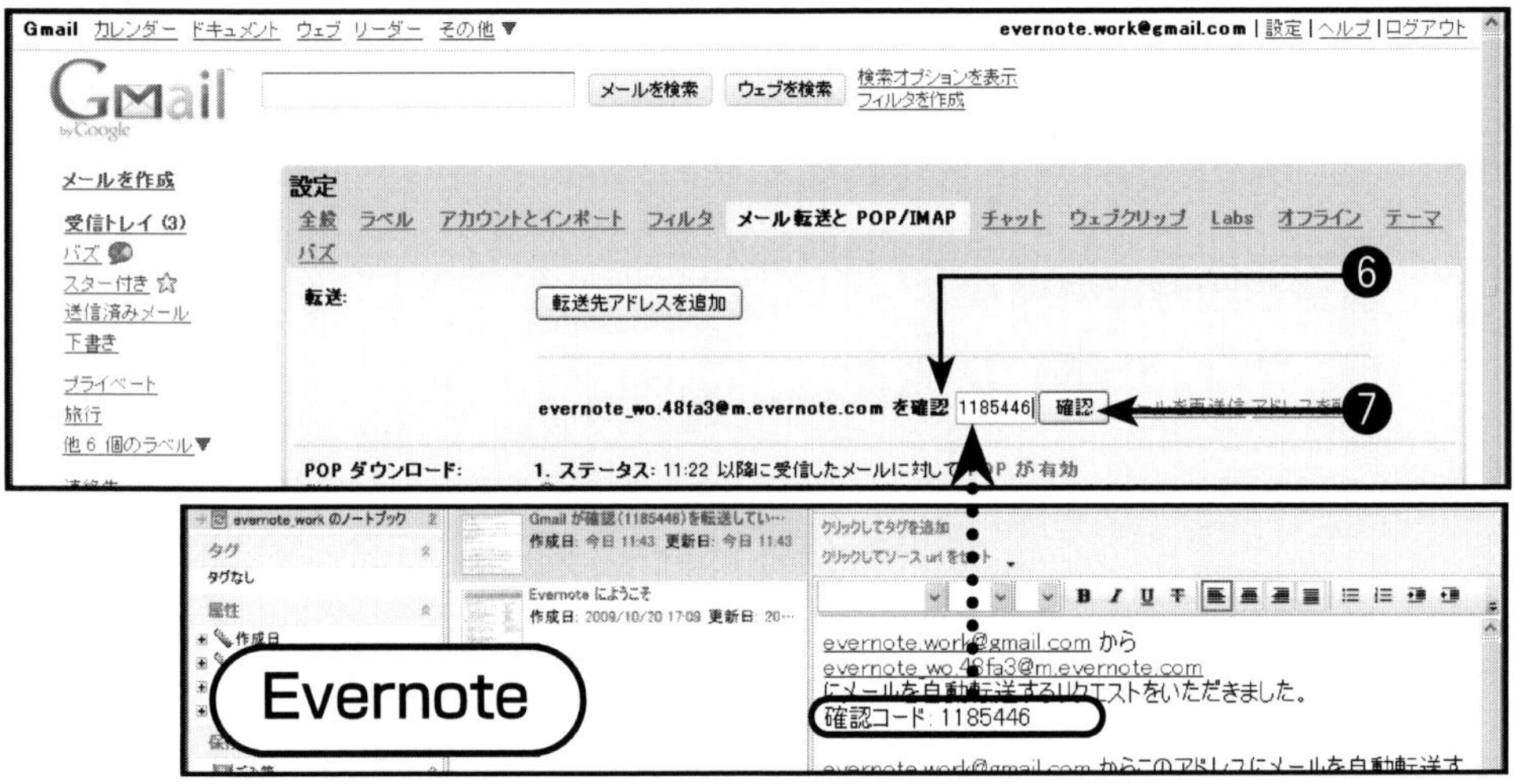

❻ Evernoteに送られたメールに記載された確認コードを入力します。
❼ [確認]ボタンをクリックします。

6 メール転送設定の完了

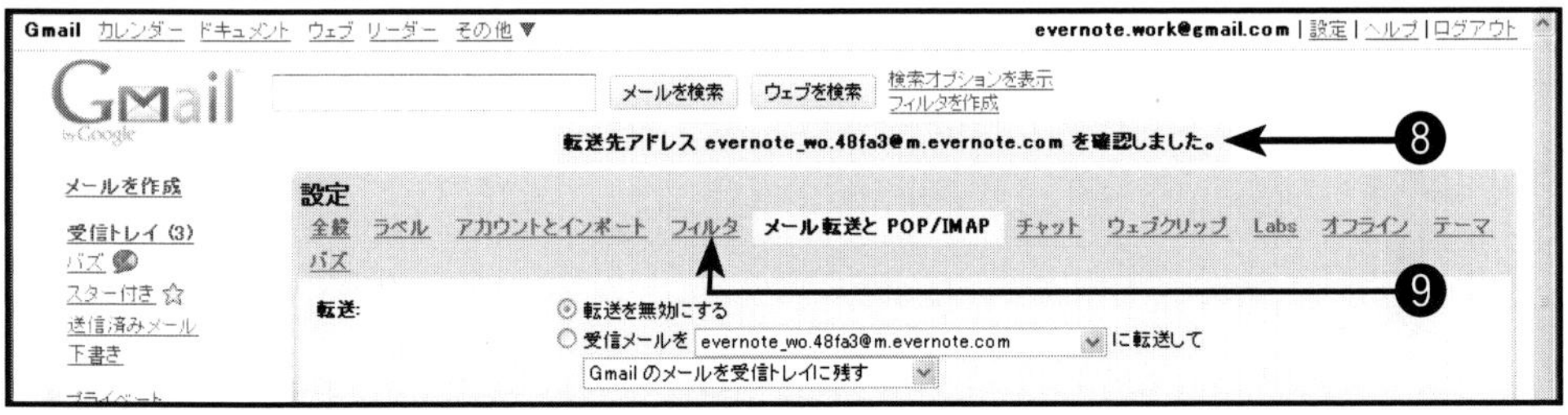

❽ メール転送の設定が完了すると、このメッセージが表示されます。
❾ メニューの[フィルタ]をクリックします。

7 フィルタの設定

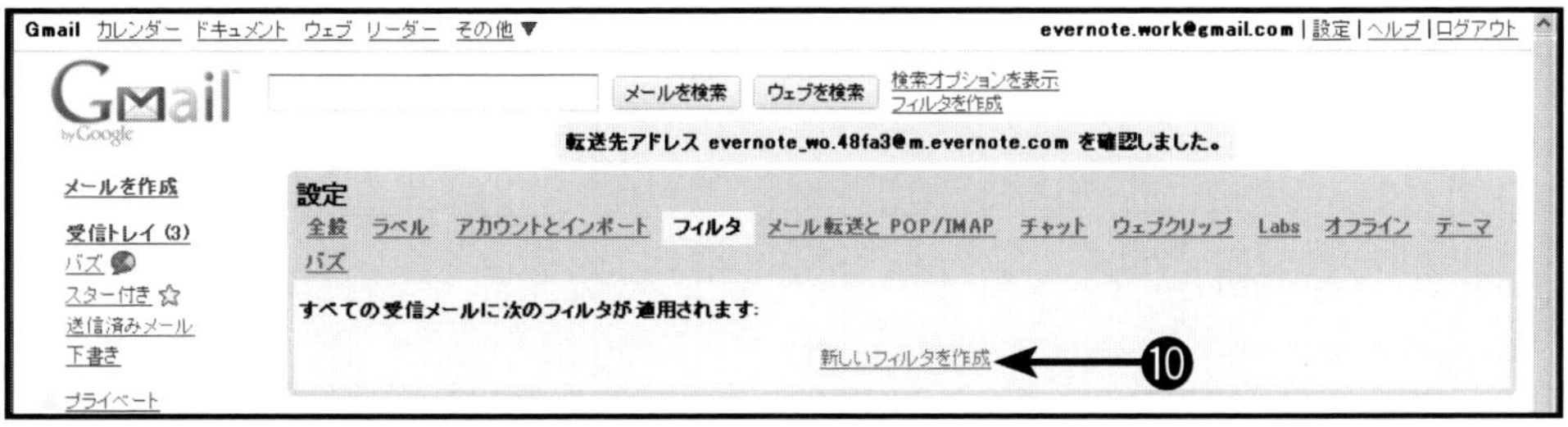

⑩ [新しいフィルタを作成]をクリックします。

8 フィルタの条件の設定

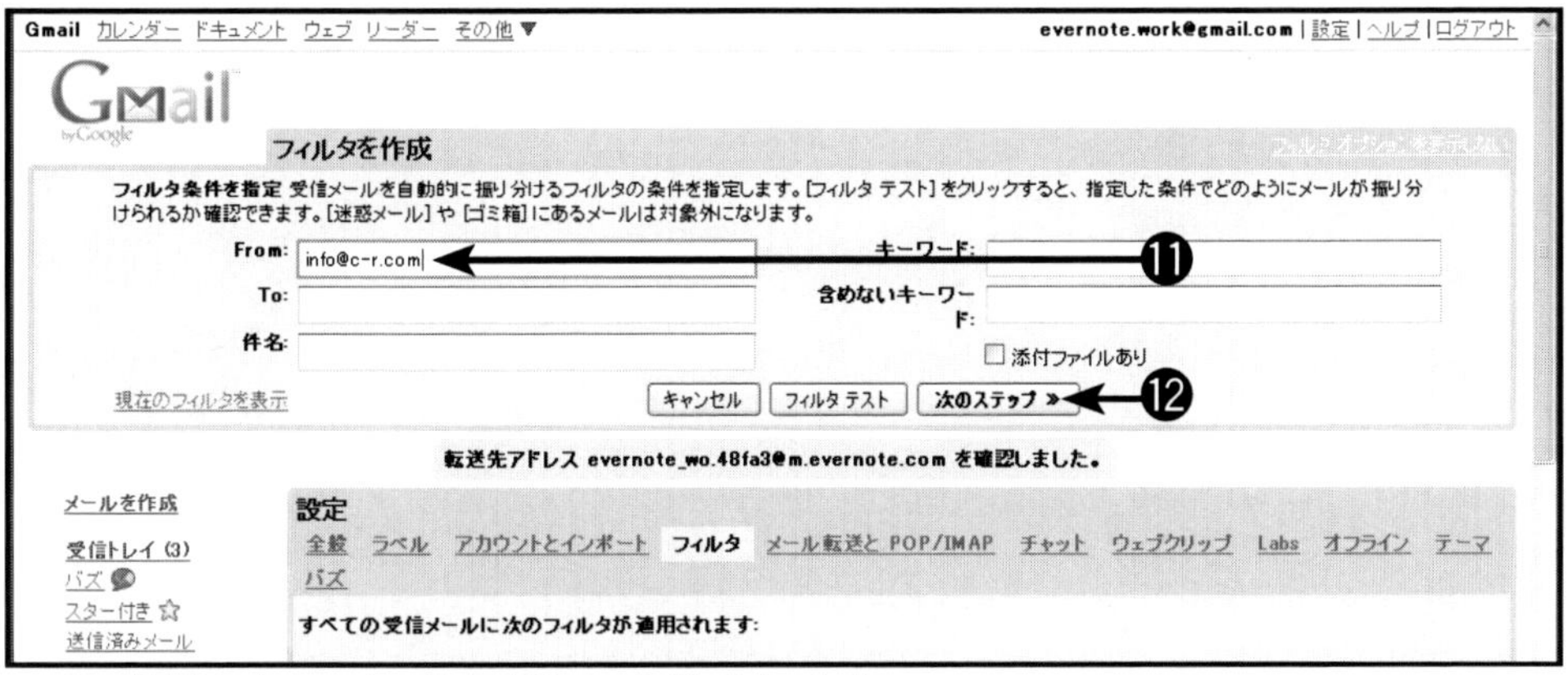

⑪ 転送したいメールアドレスを入力します。
⑫ [次のステップ]ボタンをクリックします。

9 フィルタを設定したメールの動作の設定

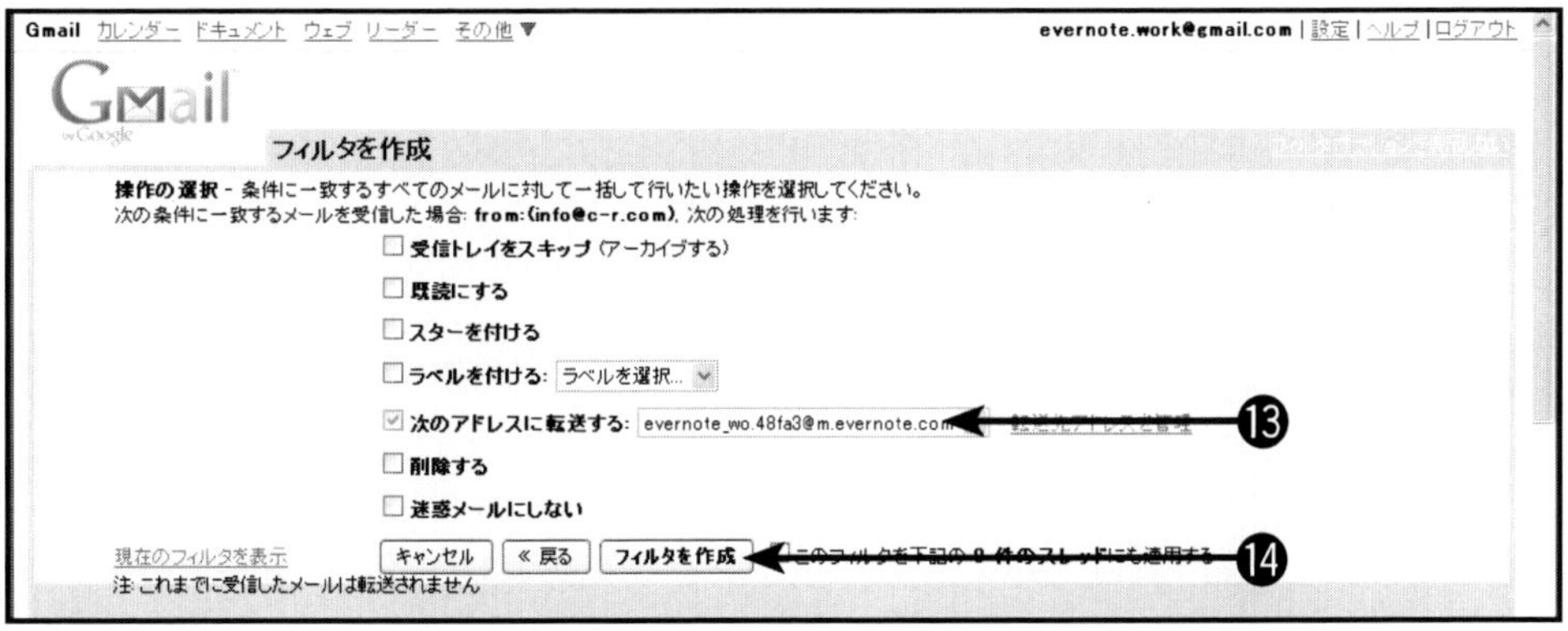

⑬ [次のアドレスに転送する]をクリックし、転送先アドレスを選択します。
⑭ [フィルタを作成]ボタンをクリックすると、フィルタの設定が完了します。

41 人脈データベースを作る④ 仕事以外の周辺情報も追加する

その方が自分の活動をウェブなどで公開しているならばそれも取り込んでおきましょう。会話の話題作りにも便利ですし、仕事を頼みたい人を探す時にも使えます。また、付き合いが長くなってくれば、贈り物の交換をするかもしれません。そういった情報も**Evernote**に記録しておきましょう。贈った物、贈られた物をそれぞれ写真で保存しておけば互いの贈り物の履歴を残す事ができます。

このように記録を残しておけば、そのタグを使ってその人に関係する情報や、自分とその人とのやりとりを振り返る事ができます。名刺をさらに活用するための「人脈データベース」は使い方によっては、自分の活動の振り返り、新しいプロジェクトの立ち上げ、贈り物の選定などにも効果を発揮する事でしょう。

◉ 人脈データベースの例

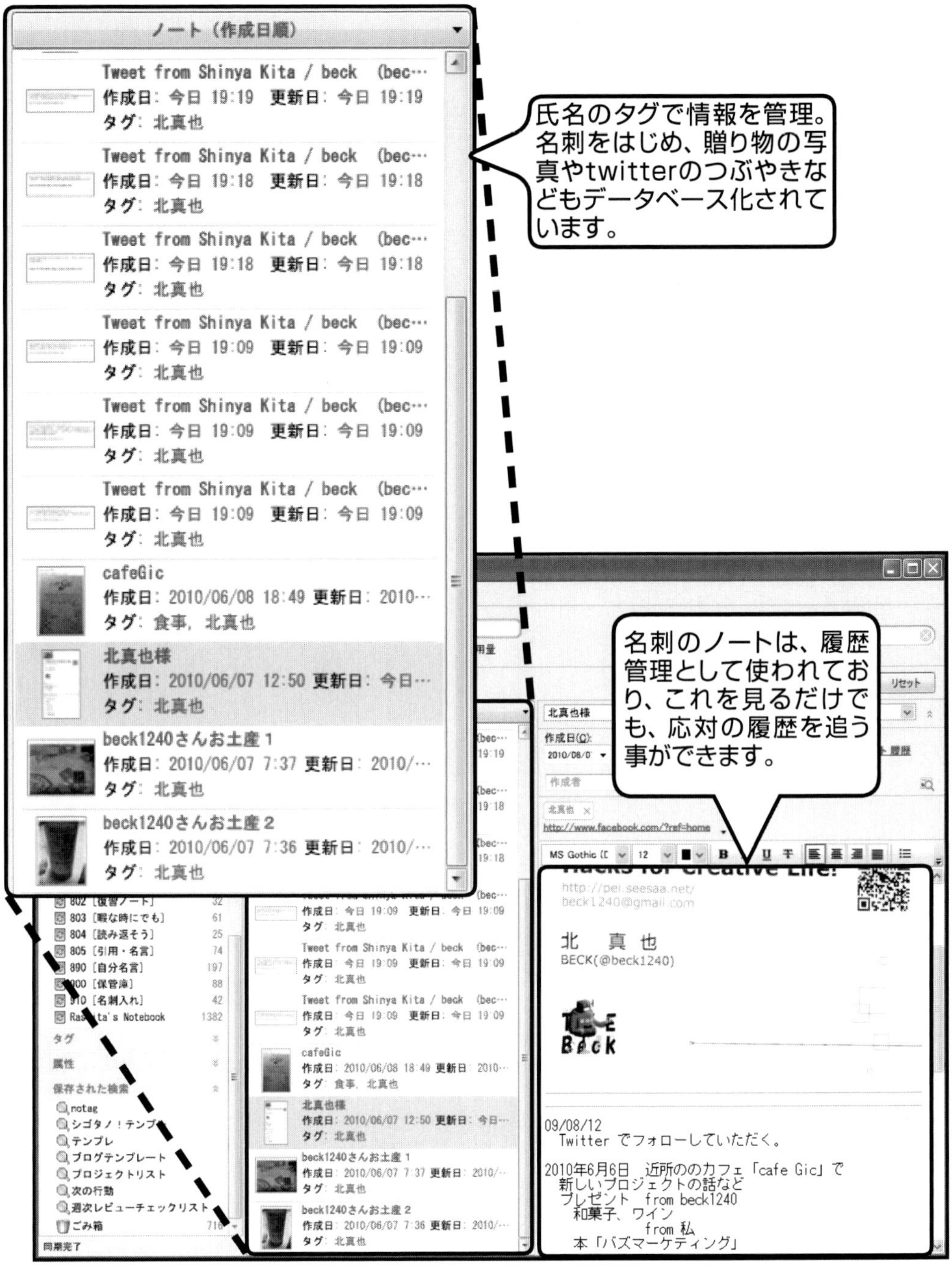

ノート（作成日順）
Tweet from Shinya Kita / beck (bec…
作成日：今日 19:19 更新日：今日 19:19
タグ：北真也
cafeGic
作成日：2010/06/08 18:49 更新日：2010…
タグ：食事，北真也
北真也様
作成日：2010/06/07 12:50 更新日：今日…
タグ：北真也
beck1240さんお土産1
作成日：2010/06/07 7:37 更新日：2010/…
タグ：北真也
beck1240さんお土産2
作成日：2010/06/07 7:36 更新日：2010/…
タグ：北真也
氏名のタグで情報を管理。名刺をはじめ、贈り物の写真やtwitterのつぶやきなどもデータベース化されています。
名刺のノートは、履歴管理として使われており、これを見るだけでも、応対の履歴を追う事ができます。
北 真 也
BECK(@beck1240)
09/08/12
Twitter でフォローしていただく。
2010年6月6日 近所ののカフェ「cafe Gic」で
新しいプロジェクトの話など
プレゼント from beck1240
和菓子、ワイン
from 私
本「バズマーケティング」

セルフブランディングにはメディアキットが便利

これは「セルフブランディング」を実行しているビジネスパーソン向けの手法です。メディアキットとは本多直之氏の「パーソナル・マーケティング」（ディスカヴァー・トゥエンティワン刊）という本の中で紹介されているツールで、簡単にいえば「あなたの活動履歴」とも呼べるものです。

以下は「パーソナル・マーケティング」よりの引用です。

メディアキットとは、あなた（あなたの仕事）が取り上げられた記事のスクラップや、仕事や仕事以外での実績集です。ここまで作成してきた自分のプロフィールに雑誌やメディアなどで取り上げてもらった記録をまとめて、いわば自分のパンフレットを作り、誰にでも、いつでもすぐに見せられるようにしておきます。

雑誌で紹介された、有名なブログで引用された、新聞記事に載ったなど、ブランディング活動を続けていく中であがった成果をEvernoteに集めていきます。

他の誰かに自分の活動履歴を説明しなければならない状況になった場合、こういった情報は強力な信頼源になります。雑誌や新聞の切り抜きやウェブページを印刷してスクラップ帳にまとめる事もできますが、それをいつも持ち歩くわけにはいきません。

これらをEvernoteで管理しておけば、必要な時にノートパソコンやiPadが「あなたのパンフレット」に変身します。それらを使えば、説得力を持った「自分プレゼンテーション」を効果的に行える事でしょう。

● メディアキットの例

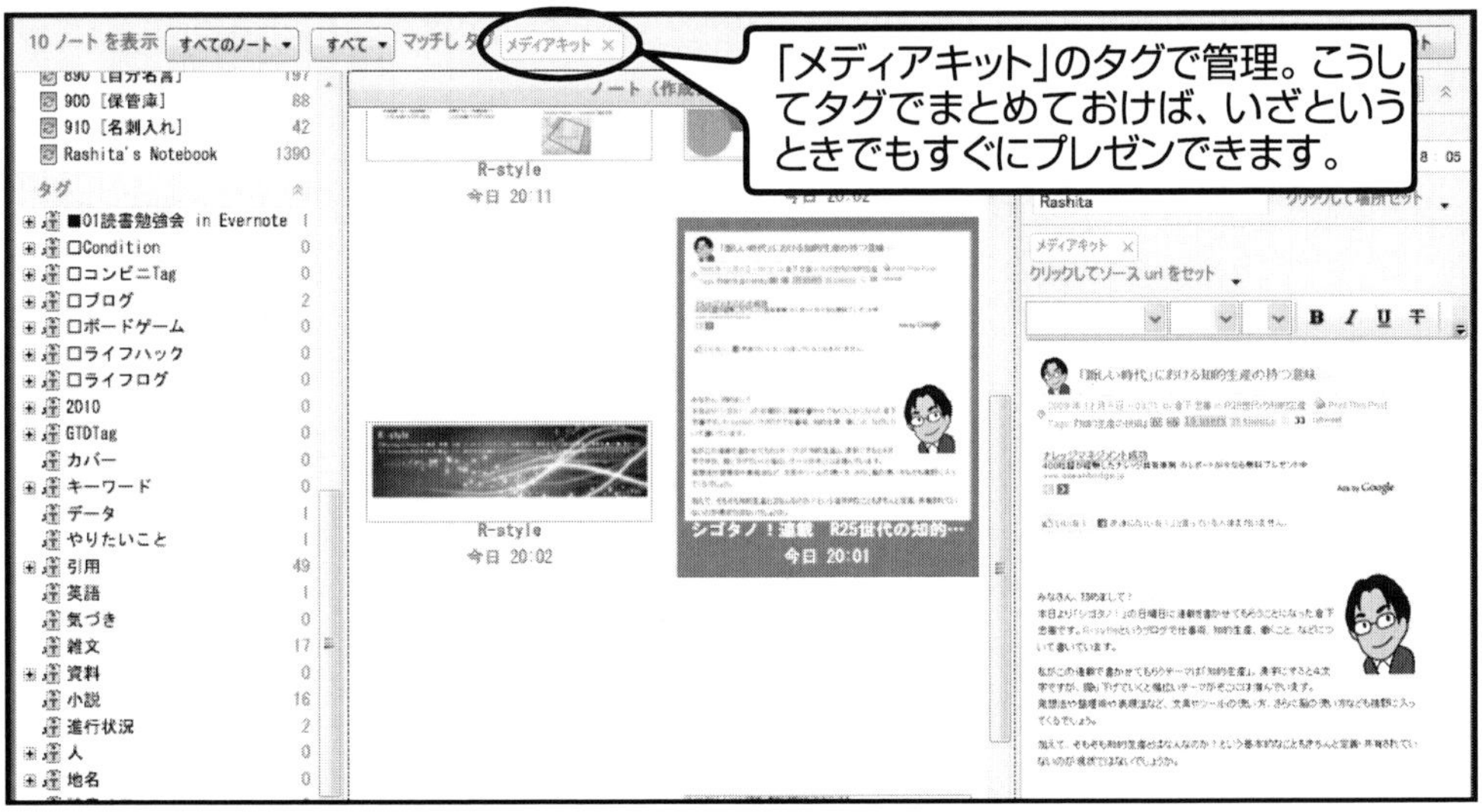

43 仕事以外にも使える「自分専用データベース」活用事例

ここまでは、ビジネスパーソン向けの使い方を紹介してきましたが、補足としてビジネス分野以外でのデータベースとしての**Evernote**の使い方をいくつか紹介しておきます。

活用事例① 本棚管理

本棚をウェブ上で管理するサービスはいくつかあります。「メディアマーカー」や「ブクログ」というサービスを活用されている方もいるかもしれません。こういったサービスを活用する事も1つの手ですが、**Evernote**でも実現する事ができます。

Evernoteを使って本棚を管理するメリットは、所蔵している本を一元管理できる事だけではなく、読書メモなどや関連する情報などもあわせて管理できる事です。単なる蔵書管理であれば、先ほど紹介したウェブサービスの利便性は高いと思いま

◉ 本棚管理の例

Amazonのウェブページをクリッピングして作成した本棚管理のノート。カバーのほか書誌情報などもまとめてクリップできます。
iPhone情報整理術 ~あなたを情報' ' 強者' ' に変える57の活用法!(デジタル仕事術シリーズ) [単行本 (ソフトカバー)]
購入：2009年10月23日
価格：1659円
読了：2009年10月23日
出版社：技術論評社

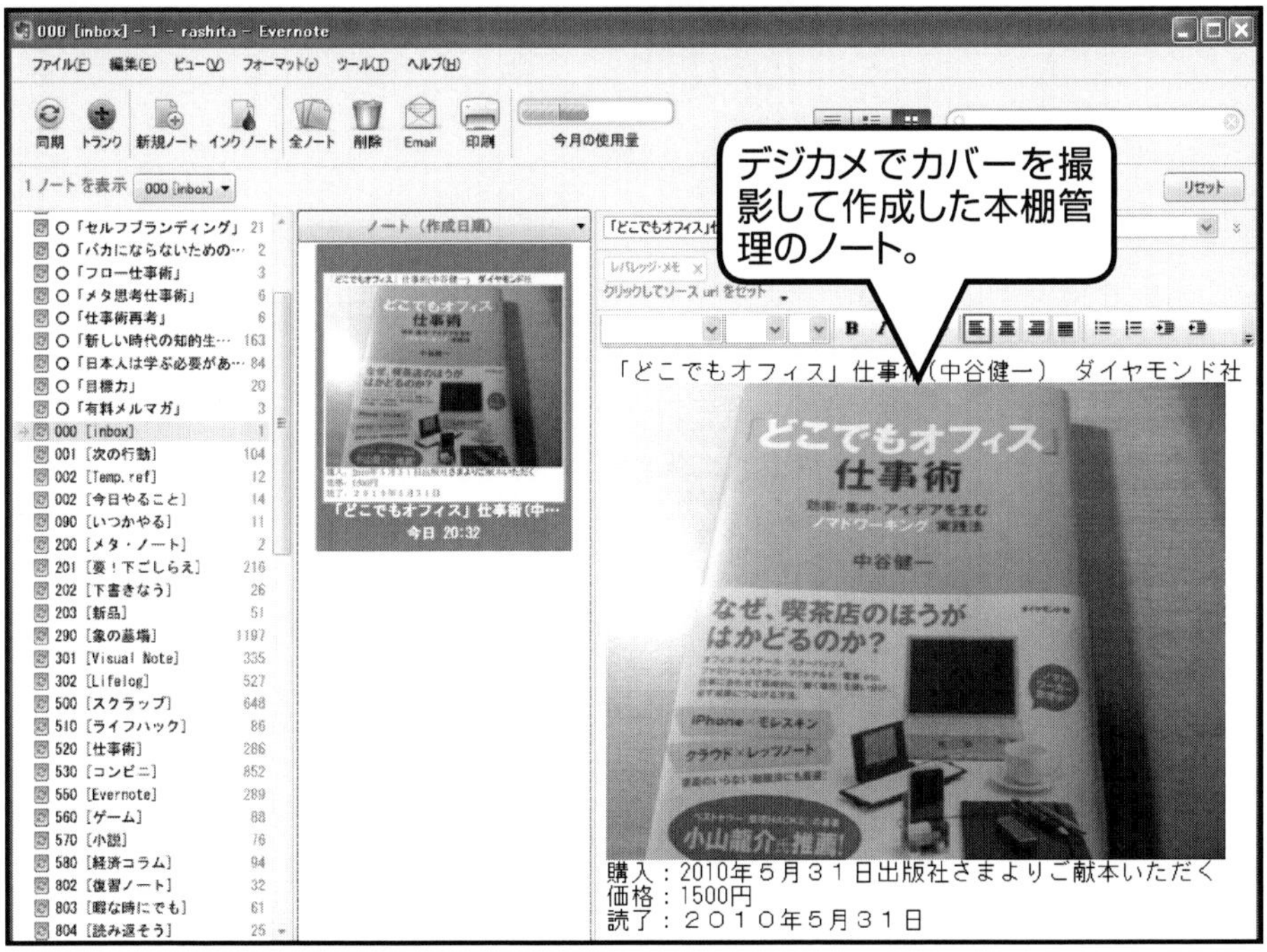
デジカメでカバーを撮影して作成した本棚管理のノート。
「どこでもオフィス」仕事術（中谷健一） ダイヤモンド社
購入：2010年５月３１日出版社さまよりご献本いただく
価格：1500円
読了：２０１０年５月３１日

すが、本も1つの情報源として扱うならば、Evernoteでの管理も視野に入れておいた方がよいでしょう。

本の表紙をスキャンするか写真で撮影してEvernoteにノートを作るのがスタートになります。そういった作業が面倒ならば、アマゾンのページからタイトルイメージをウェブクリップ機能で保存する事でも代用できます。これが基本となるノートになります。

そのノートに、買った日、読み終えた日、感想などを書き加えていく事で読書ノートになります。また、その本に言及している新聞の書評をスキャンして取り込んでおく事もできます。また、書評ブログのページなども取り込んでおく事ができます。

読書ノートのタグの例を次に示しておきます。

- 購入した場所
- 著者

- 出版社
- ジャンル
- サイズ／カバー
- 収納場所
- 古本屋へ

活用事例② クローゼット管理

クローゼットを**Evernote**で管理する事のメリットは、自分が持っている、似たような服を買わなくて済む事と、ファッションの組み合わせを考えられる事です。自分がどんな服を持っているかすべてを覚えておくのはかなり難しい事ですが、**Evernote**と**iPhone**があれば、自分のクローゼットの中身をすべて持ち歩く事ができます。

実際の運用方法としては次のような手順です。

❶ アイテムの写真を撮影し、ノートを作る

スマートフォンやデジカメなどを使ってアイテムの写真を撮ります。この際箱や付いていた商品のタグを一緒に撮影しておくと後の検索で役立つ場合があります。

❷ノートブックを作成する

名前はなんでもかまいませんが、❶の手順で作ったノートを入れておくためのノートブックを作ります。「クローゼット」でも「洋服棚」でも、わかりやすい名前を付けておきましょう。

ノートのタイトルはできれば見ただけで大体の内容がわかる名前を付けておきます。たとえば「ブランド名：アイテム名」という感じです。

❸各ノートにタグ付け

作ったノートにタグを付けます。タグの実際例は後述します。

❹ノート内にコメント等を書く

感想や気になった事などを書いておきます。

どんなタグを付けておけば管理しやすいのかは使い方次第ですが、考えられるタグをいくつか上げておきます。

- 種類
- 季節
- 色
- ブランド
- 収納場所

活用事例③　PCファイルバックアップ

これはプレミアムアカウント(以下プレミアム)のみの手法ですが、パソコンのファイル保存として使う事もできます。フリーアカウントと違い**Evernote**で保存できるファイルの種類に制限がないというのがプレミアムの特徴です。

また、プレミアムでは1ヶ月あたりの転送量が増えるだけでなく、1つのノートサイズの上限についても50MB（2010年6月現在）まで使う事ができます。

50MBあれば、簡単なソフトの圧縮ファイルは大体入れておく事ができます。購入したアプリケーションは**CD-ROM**の形で提供されている事が多く、PCがクラッシュしてももう一度**CD-ROM**を使ってインストールする事が可能です。

しかし、ネット上で提供されているフリーソフトなどは、時間が経てばネット上から姿を消し、ダウンロードできなくなる可能性があります。それらを**Evernote**に保存しておけば、もしPCが壊れてしまったとしてもファイルに簡単にアクセスする事ができます。**Evernote**さえインストールし直せば必要なファイルは手元に集まるので、それらを使ってフリーソフトなどをインストールする事ができます。

私はこのために、ダウンロードしたファイルが集まるフォルダを1ヶ所にまとめた上で、そのフォルダを**Evernote**に監視させるようにしています。これは**Windows**クライアントアプリケーションの機能の1つで、指定したフォルダに新しくファイルが追加された場合、自動的に**Evernote**にそのファイルを取り込んだノートを作るという機能です。一度設定をしておけば、後は何も考えずに**Evernote**にバックアップファイルが作られるようになります。

またこういったファイルのバックアップだけではなく、ＰＣをリカバーした後のやるべき手順や、揃えるべきファイル、設定する事などをチェックリストにして**Evernote**に保存しておくと便利でしょう。

こういったノートすべてに「リカバー」というタグを付けておけば、必要な情報とファイルがすべて手に入る環境ができます。

44

今まで捨てていた情報が「自分専用データベース」で活きてくる

「自分専用のデータベース」。パソコンが一般に普及してからでもそんなものを持っている人はごく限られていたでしょう。データベースを構築するには手間も時間もお金もかかります。

Evernoteを使えば、自分一人でそれを構築していく事ができます。毎月アップロード容量の上限が更新されるので「最大容量」を気にかける必要はありません。毎月コツコツ情報を蓄えていくだけです。もちろん、時間はかかります。手間もまったくないわけではありません。しかし、それをかけるだけの価値は充分にあるのではないでしょうか。量が増え時間が経つにつれ、データベースの価値は上がっていきます。

ビジネスの現場で使われる情報や人に関するデータを**Evernote**に集めていく事

で、普通ならば忘れてしまっていたような細かい情報すらも活用する事ができます。特に人に関する情報はグーグルを検索しても見つからないものが多いでしょう。

それは一度失われてしまえば二度と見付ける事のできない情報です。自分の印象を書いたメモ書きであったとしても、それはデータベースを構成する大切な情報の1つです。その瞬間の重要度は気にせずにEvernoteに入れておく事です。後で振り返った時に予想もしなかったような力を発揮するかもしれません。

少なくとも、Evernoteを使う上で、月間の上限容量がいっぱいになるまでデータを入れておく事に損はありません。物理的なスペースも使いませんし、物が多くなったからといって情報が極端に見付けにくくなるわけでもありません。

仕事に関係するもの、自分の関心があるもの、大量に持っている物をEvernoteでデータベース化してみてはいかがでしょうか。今まで有効に活用できていなかったものに活躍のスポットライトがあたるかもしれません。

Column

フリー版と
プレミアム版との違い

基本的な機能はフリー版でも使う事ができますが、プレミアム版だと追加的機能や、フリー版ではまったく使えない機能なども使用可能になります。プレミアム版に移行する事で得られる機能を紹介しておきます。

☑ 追加的機能

- 1ヶ月あたりのアップロード容量が500MB/月に（フリー版は40/MB）
- 1つのノートの容量の上限が50MBに（フリー版は25MB）
- すべての種類のファイルが同期（フリー版は画像、音声、ink、PDF）
- 共有ノート作成で「共同で編集する」が選択可能（フリー版は閲覧のみ）

☑ プレミアム版だけの機能

- ノート更新履歴へのアクセス

  定期的にアップロードしてあるノートのバックアップが取られ、その履歴にアクセスできます。すべての変更履歴が残るわけではありません。

- 通信のSSL暗号化

  通信時のセキュリティがフリー版に比べて強化されます。

- 広告の表示をオフにする

  あまり気になりませんが、フリー版だと左下にちょっとした広告が表示されます。プレミアム版にするとこの表示を消す事ができます。

多くのEvernoteユーザーがフリー版で使用していますが、ある程度使い込んでくるとプレミアム版への移行を検討するようです。とりあえず、最初の1ヶ月程度はフリーで使ってみて、アップロードの容量やファイルの種類に不満を感じるようになればプレミアム版に移行すればいいでしょう。

値段は5ドル／月か45ドル／年の選択ができます。使える容量の事を考えると、1年あたり45ドルは決して高い買い物ではないと思います。

CHAPTER

6

「共有ノートブック」で コラボレーション

45

他人にノートを公開する「共有ノートブック」

これまでの章では、個人でのEvernoteの使い方に注目してきました。個人が持つ情報や能力を最大限に発揮させるEvernoteは大変強力な存在です。しかし、Evernoteにはさらなる可能性が秘められています。ウェブを介して行われる共同作業や、有益な情報の交換の際にもEvernoteは有効に活用する事ができます。

その使い方を支えるのが「共有ノートブック」という機能です。この機能を使いこなす事によって、さらに幅広い使用事例が生まれてきます。まず共有ノートブックについて説明し、その後どのような使い方があるのかを紹介してみたいと思います。

「共有ノートブック」の機能

共有ノートブックとは、他のEvernoteを使っているユーザーとノートブックを共有できる機能です。共有ノートブックには2つのタイプがあります。

1つは共有されるユーザーはノートの閲覧しかできないタイプ。主催となるユーザーは自由に編集できますが、そのユーザーに招待されてそのノートブックを共有したユーザーはノートの編集を行う事はできません。

もう1つのタイプは共有したユーザーは誰でもノートの編集ができるタイプです。こちらの方が自由度は高くなりますがこのタイプの共有ノートブックを作れるのはプレミアム版のユーザーのみとなります。

◉ 共有ノートブックの概念

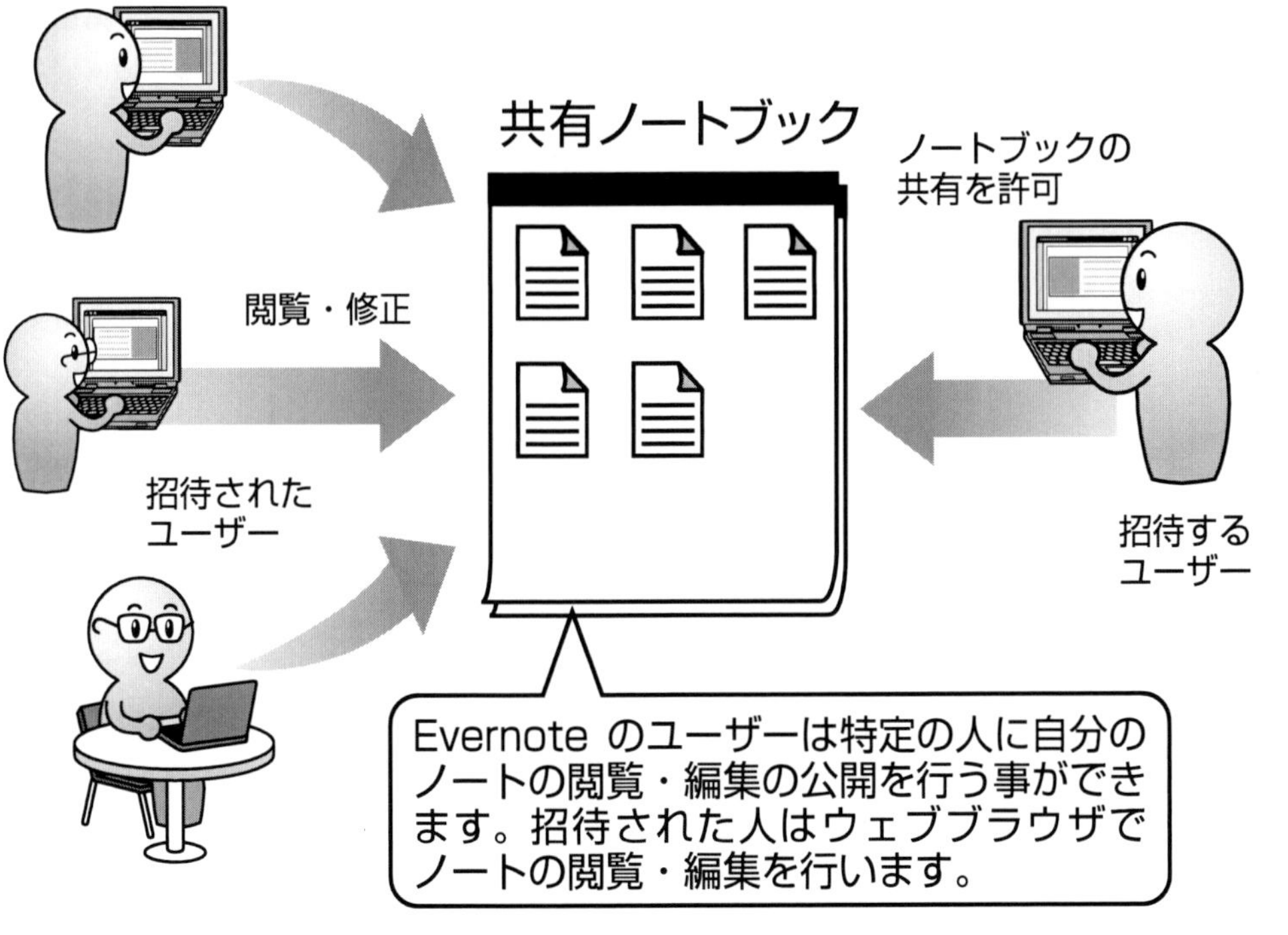
共有ノートブック
ノートブックの
共有を許可
閲覧・修正
招待された
ユーザー
招待する
ユーザー
Evernote のユーザーは特定の人に自分の
ノートの閲覧・編集の公開を行う事ができ
ます。招待された人はウェブブラウザで
ノートの閲覧・編集を行います。

◉ 共有ノートブックの画面

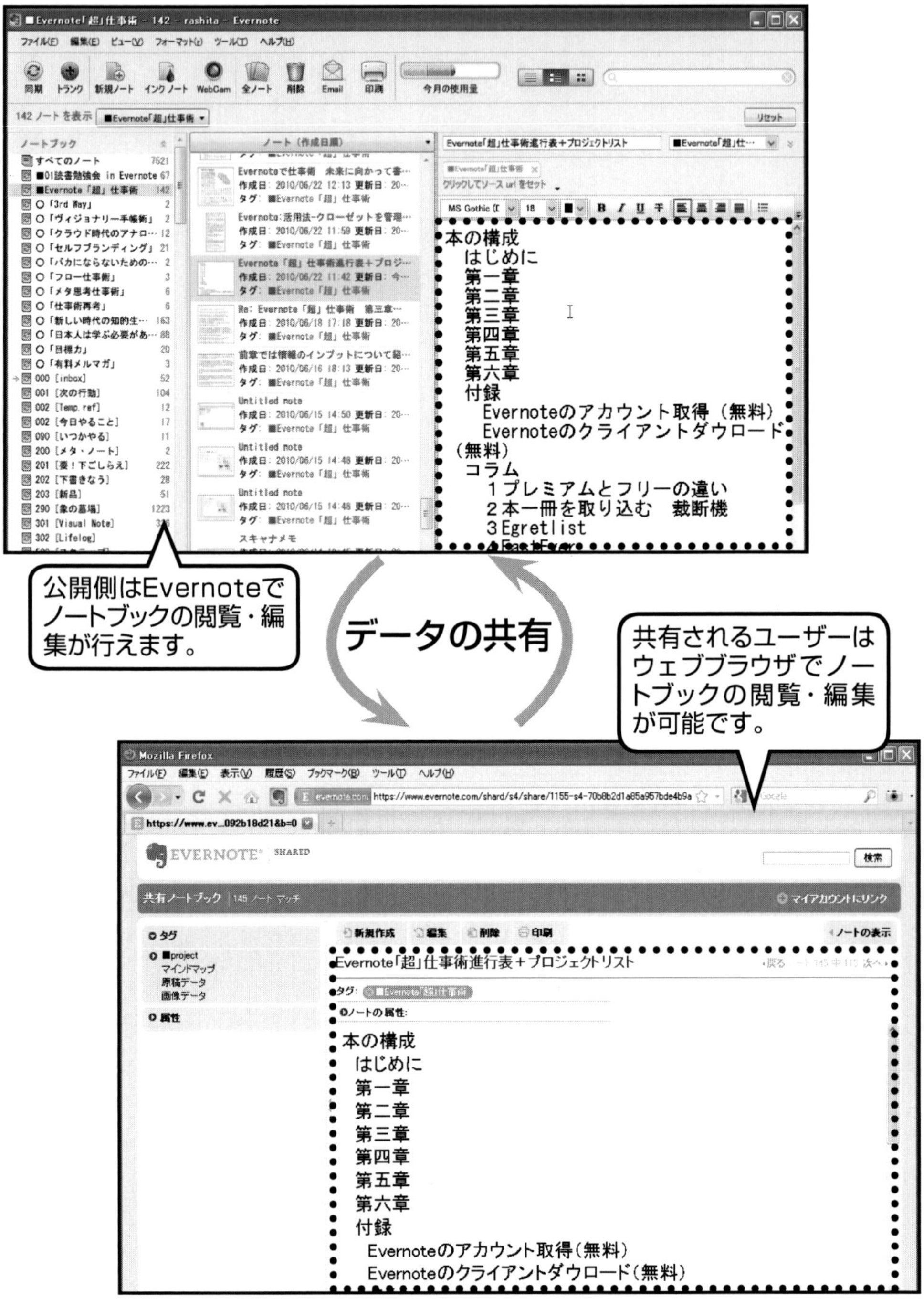

「共有ノートブック」を作る

Windows版を例に共有ノートブックの作り方を説明します。Mac版でも操作に大きな差はありません。最終的にどちらもウェブ上のEvernoteのページで操作する事になるので、インターネットに接続できる環境が必要です。

詳しい操作手順は次ページを参照してください。招待したユーザーがメールを確認する事でノートブックを共有する事ができます。共同作業のルールなどを書いたノートを作ってノートブックに入れておき、招待メールのメッセージの中に最初に見て欲しいノートとして書いておくとよいかもしれません。

主催したユーザーは「共有ノートブック」を通常のノートブックと同じように扱う事ができます。招待されたユーザーはウェブサイトのノートページから共有ノートブックを確認する事ができます。

共有ノートブックを作成するには

共有ノートブックの作成の操作は、Evernoteで共有するノートブックを選択した後はウェブブラウザでの設定が主になります。

1 共有するノートブックの選択

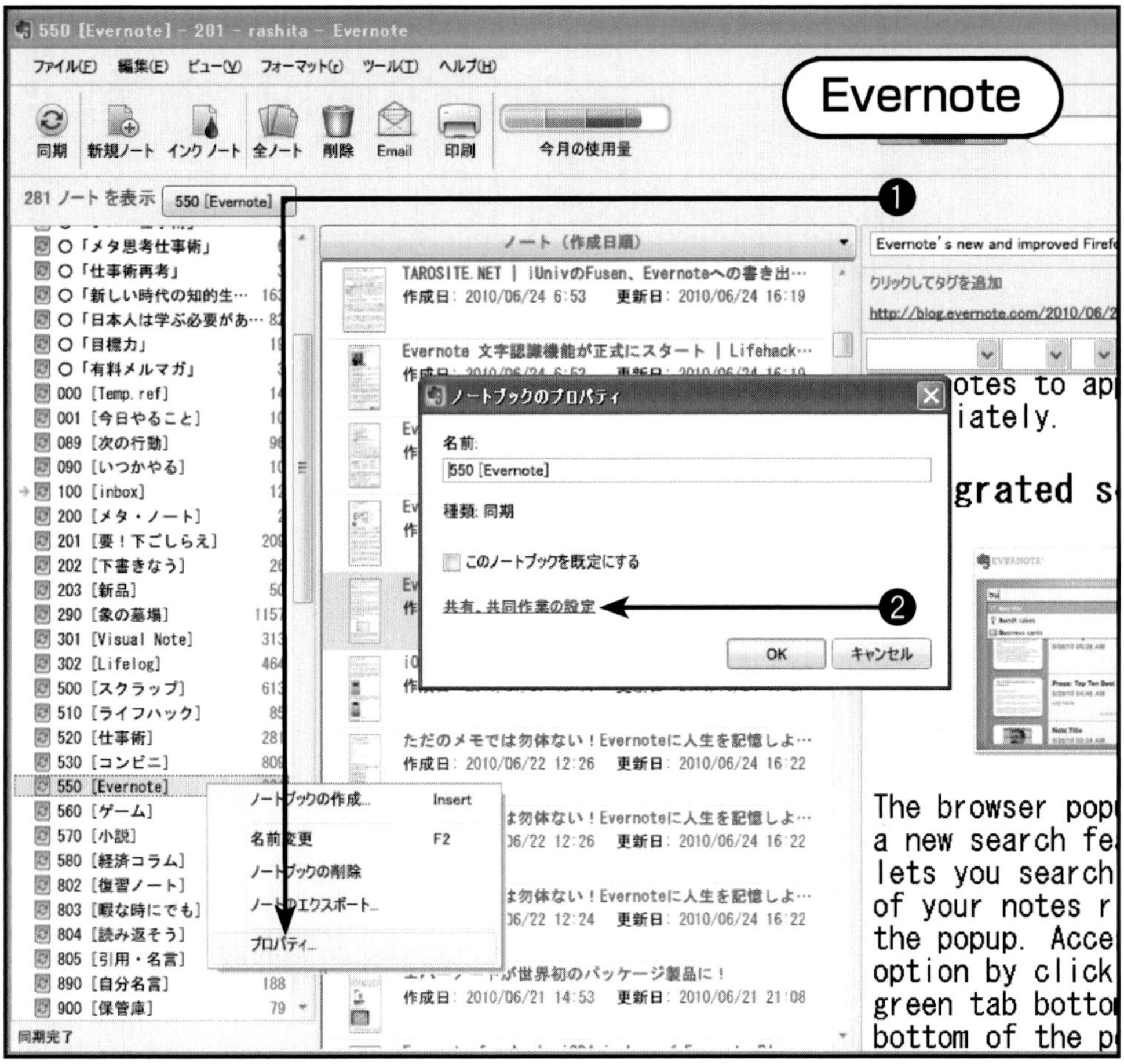

❶ 共有したいノートブックを右クリックで選択し、「プロパティ」を選択します。
❷「共有、共同作業の設定」をクリックします。

2 ノートブックへの他のユーザーの招待

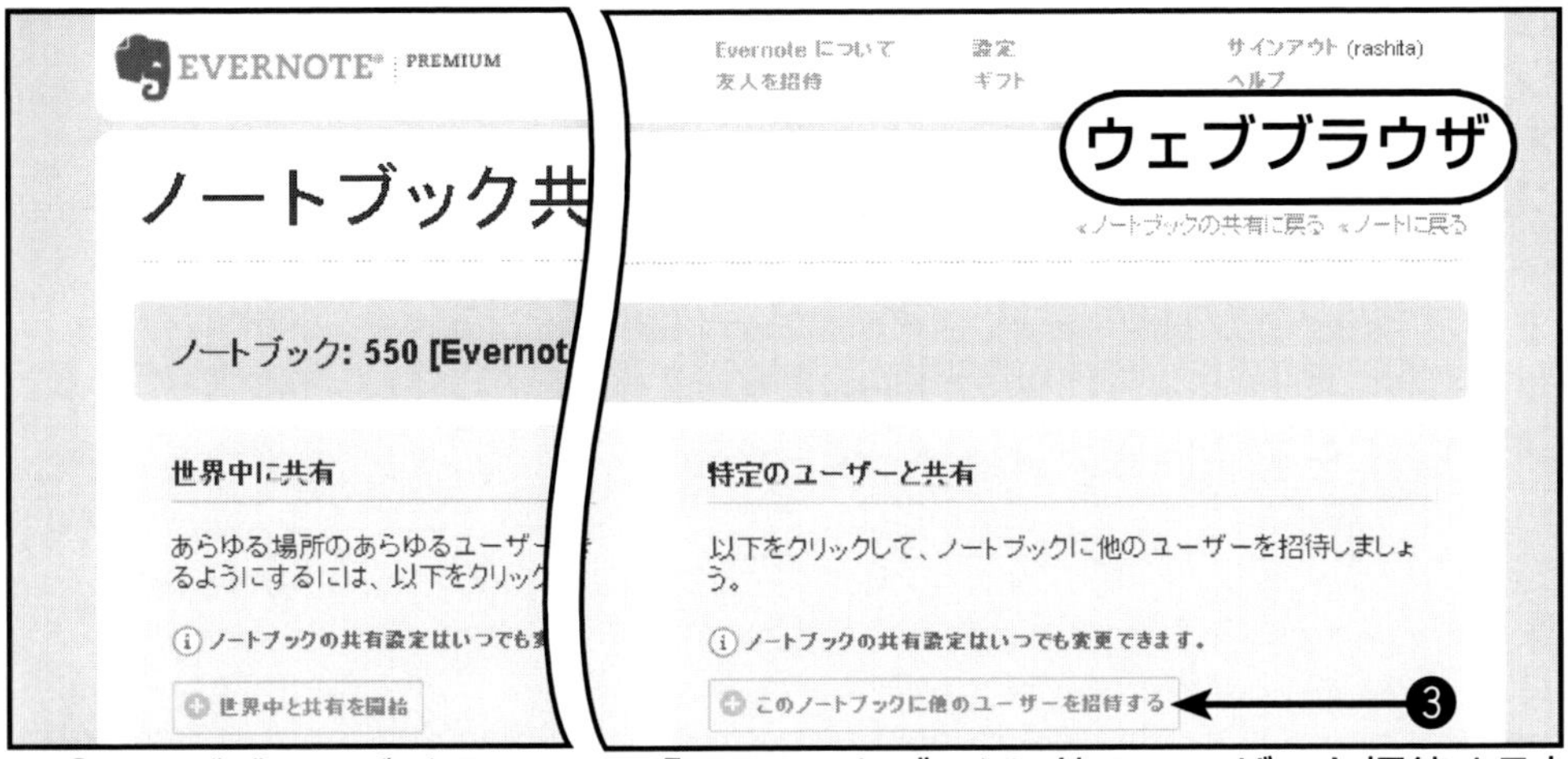

❸ウェブブラウザが開きます。「このノートブックに他のユーザーを招待する」を選択します。

3 ユーザー招待メールの発送

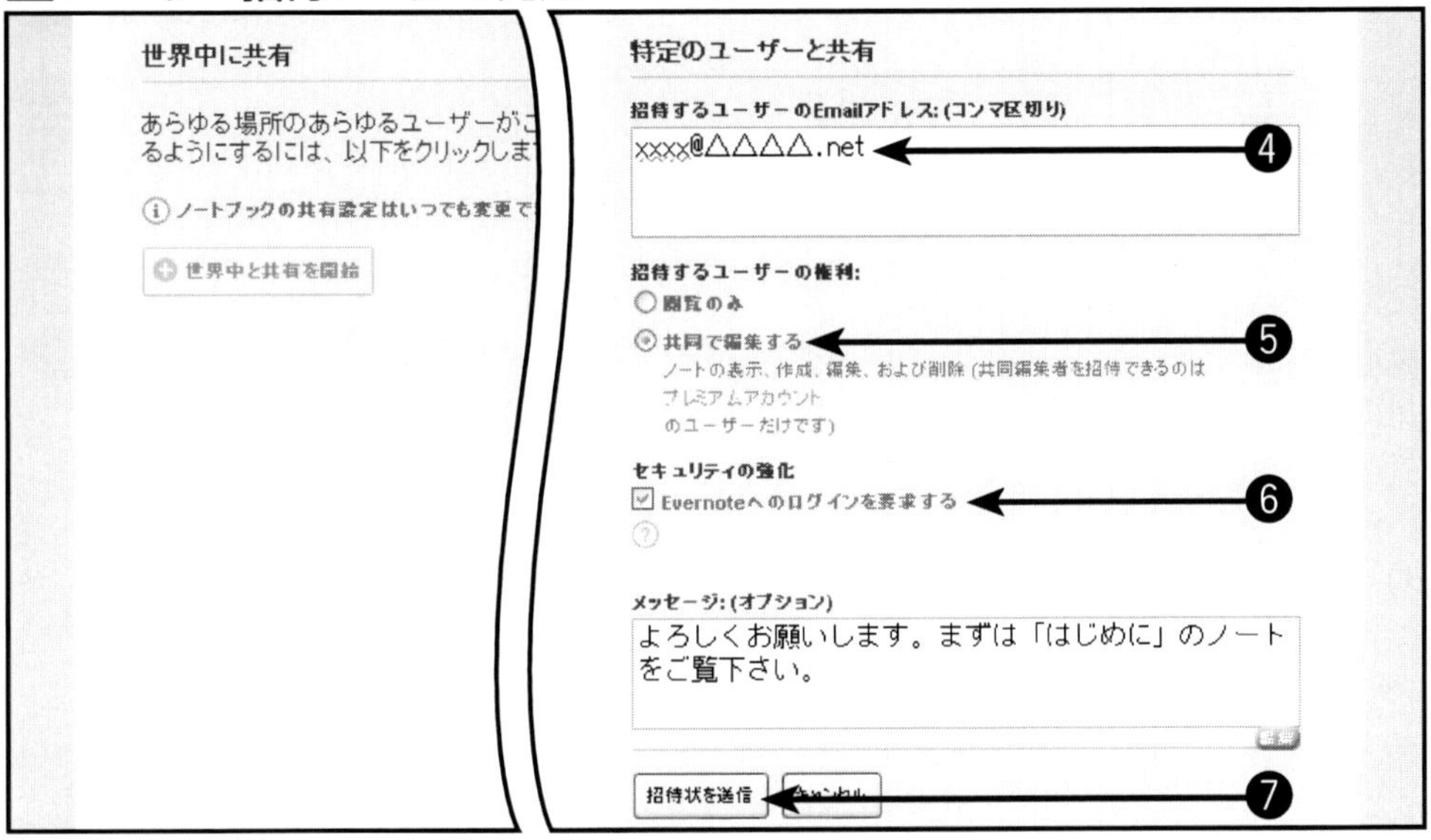

❹ 招待したいユーザーのメールアドレスを入力します。

❺ 招待するユーザーの権利(閲覧のみ、共同で編集)を選択します。

❻ チェックボックスをオンにします(オンにしておいた方がよいでしょう)。

❼ 送信ボタンをクリックすると、招待メールが送られます。

46

EVER NOTE

共同作業・執筆作業にもEvernoteが便利

共同作業の場として使う

企画やイベントを実施の際に、情報を共有したい場合があります。特に複数の人間が遠隔地で作業するケースでは、共有の必要性が高まるでしょう。メールを使う事もできますが、情報が散逸しやすくなる可能性があります。

Evernoteであれば必要な情報を1カ所に集める事ができます。もともと**Evernote**を使って情報収集しているのであれば、それを共有化する手間はノートの移動だけで済みます。

また既存のノートにテキストを書き込んでいく事も簡単にできるので、複数の人間のアイデアをまとめていくのも容易です。

ビジネスパーソンも異業種の勉強会やセミナーに参加したり、あるいは主催の側に回ったりする事があるかもしれません。そういった場合にデータを共有できるEvernoteの使い方は活用できるはずです。

執筆のデータ交換の場として使う

執筆者と編集者のように頻繁にデータをやりとりするような仕事のスタイルでもEvernoteを使う事ができます。執筆者が原稿や必要な画像データなどを共有ノートブックに入れ、編集者はコメントやゲラなどをそのノートブックに入れる事でデータを一元管理する事ができます。メールに添付してデータをやりとりしていると、数が多

◉ アイディアを共有するための企画書の書き方

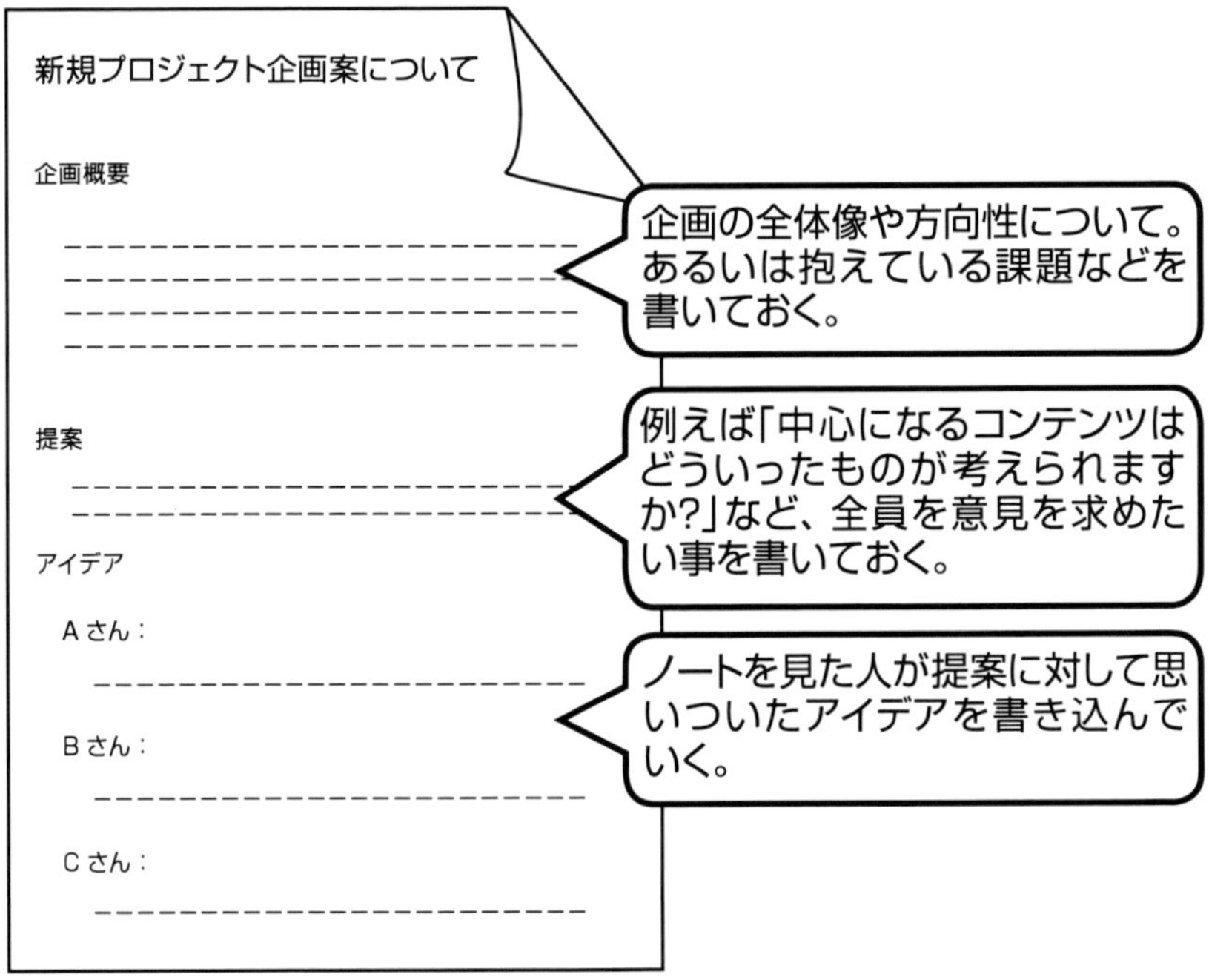
新規プロジェクト企画案について
企画概要
企画の全体像や方向性について。あるいは抱えている課題などを書いておく。
提案
例えば「中心になるコンテンツはどういったものが考えられますか?」など、全員を意見を求めたい事を書いておく。
アイデア
A さん：
B さん：
C さん：
ノートを見た人が提案に対して思いついたアイデアを書き込んでいく。

くなった場合に目的の物を探すのが手間になってしまいます。

Evernoteであればタグを付けて種類分けする事もでき、更新日でノートを並べ替えて一番最後に手が入ったノートを見る事もできます。

こういった作業は一般のビジネスパーソンには馴染みがないかもしれません。しかし、最近は電子書籍が徐々に一般化してきています。出版にかかるコストが低い電子書籍

◉ 執筆作業時のデータのやり取りの例

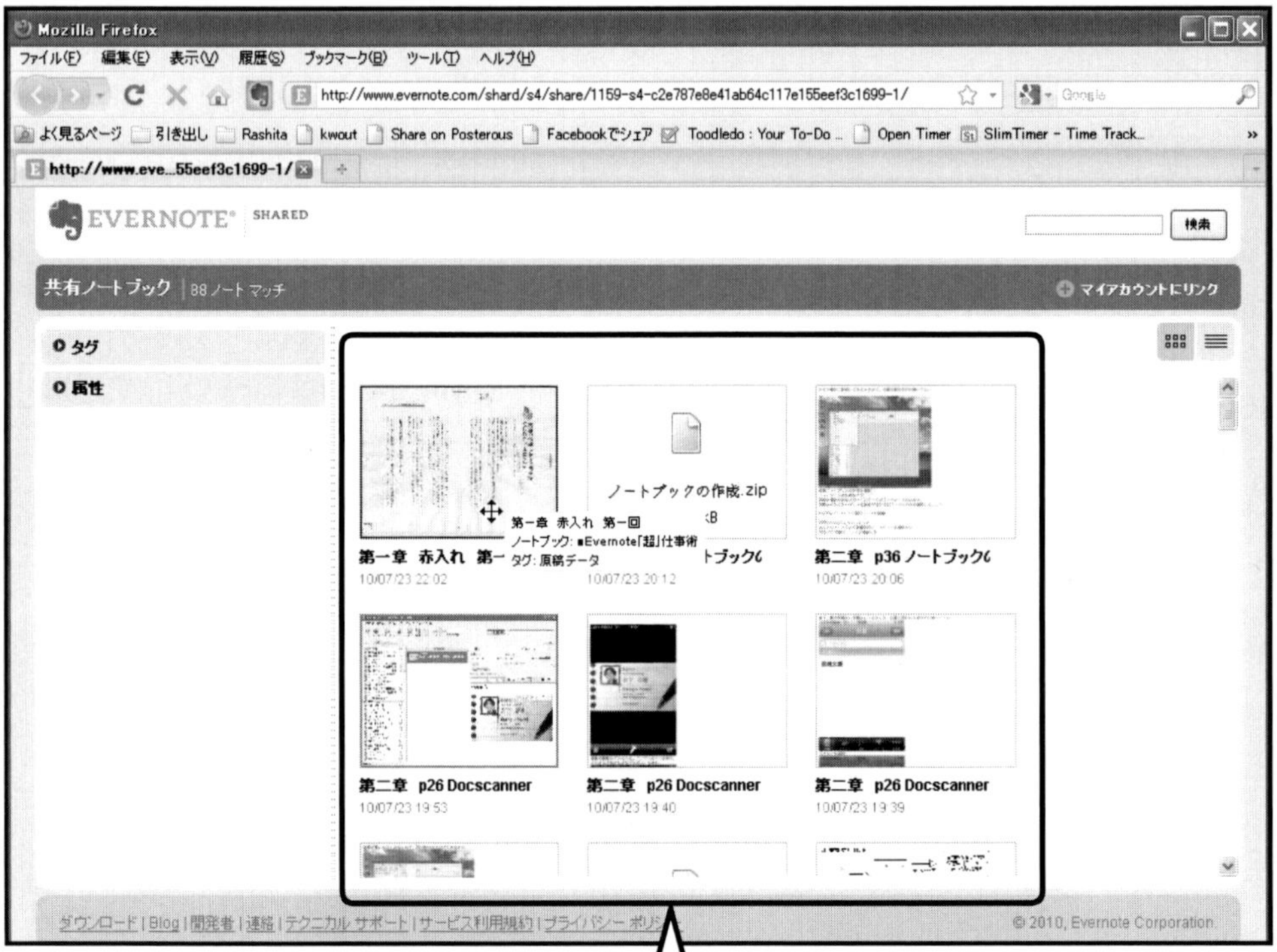

本書の制作過程で利用した、出版社とのデータ交換のための共有ノートブック。原稿、素材、赤字原稿などが一括で共有されたので、データを送った／送らないのミスを防ぐ事ができた。

の分野では、作家ではない人間が出版をする事はそれほど特別な事ではなくなるでしょう。

Evernoteを使いこなし、インプットとアウトプットを積極的に行っている人は電子書籍の出版の可能性があるかもしれません。こういった使い方も知っておいた方がよいでしょう。

47

勉強会をEvernote上で行う事もできる

これは私が実際に実行している例です。私が主催の共有ノートブックを使って、さまざまな方とEvernote上で書評を交換しています。

そのEvernote上での読書勉強会に参加されているのはブログやTwitterを介して知り合った方々で、直接お会いした事はほとんどありません。職種も住んでいる場所もまったく違う人たちと、いろいろな本についての書評を交換しています。

まったく知らない本についての情報や、あるいは自分が読んだ本でも違った視点での感想は普通に読書をしているだけでは得られないものです。また、参加者全員が編集できる共有ノートブックなので、誰かの書評にコメントを書く事もできます。

こういった場は有益なものですが、実際にやろうと思うとなかなか手間がかかります。時間を合わせ、場所をセッティングして、そこに集まる必要があります。

Evernote上であれば、東京だろうが大阪だろうが博多だろうが場所は関係ありません。自分が書きたい時に書評を書いて、読みたい時に他の人の書評を読む事ができます。

場所や時間に縛られないEvernote上の勉強会は、アイデア次第でいくらでも考える事ができそうです。

◉ Evernoteを使った書評の共有

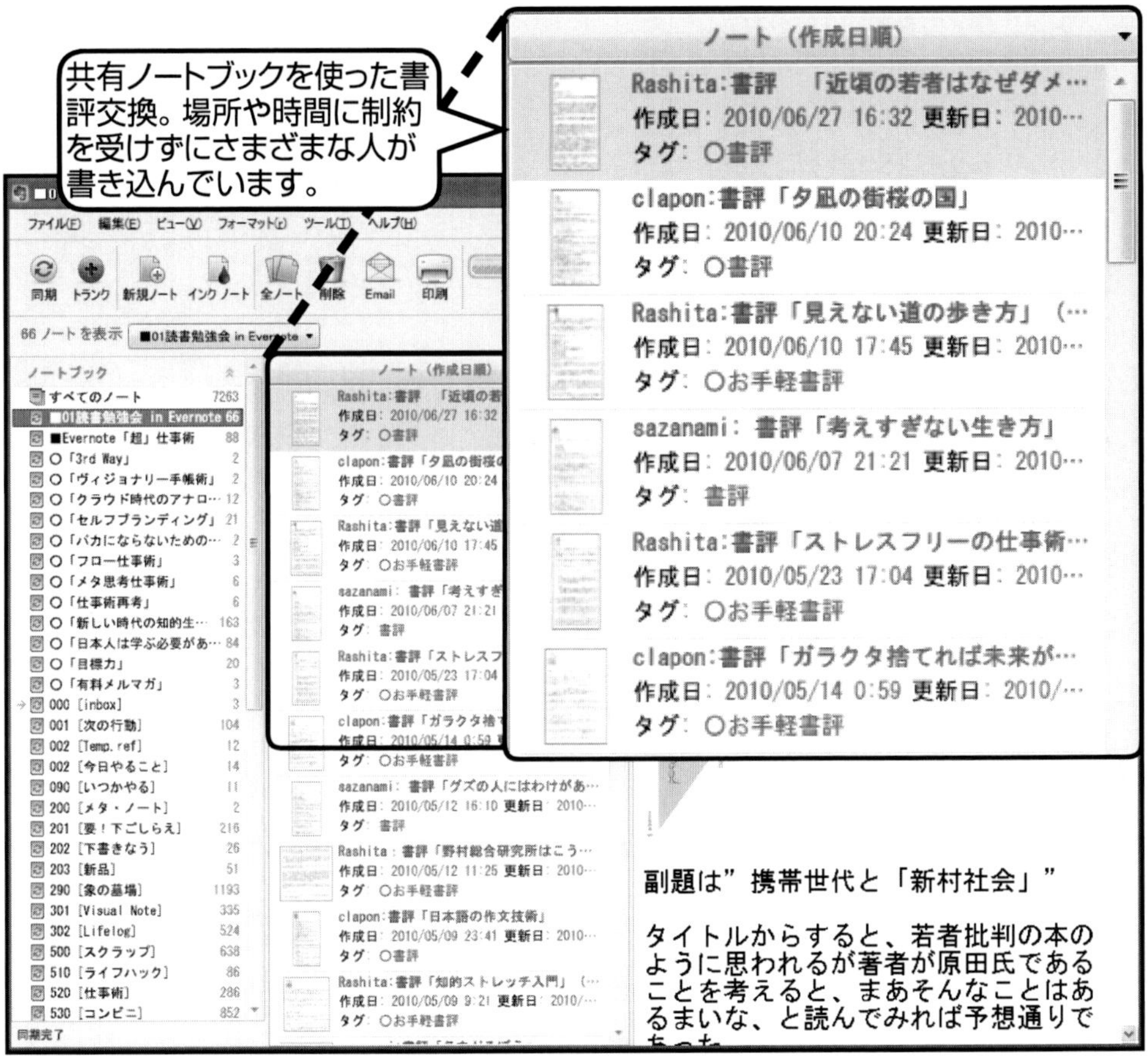

48 共同作業によるライフハック・ノート

最近はライフハックブームです。さまざまな○○ハックというものがウェブ上で公開されています。ネットの記事やブログ等で公開されているこうしたテクニックを単に**Evernote**に取り込んでおくのもよいでしょう。しかし、それを共有ノートブックに入れるという使い方もできます。

この場合参加者を複数人集い、それぞれが自分の担当を決めてウェブ上の記事をチェックします。そして有効そうなものを見付けたら共有ノートブックに入れるわけです。そのノートにタグ付けしておけば情報を体系立てて管理するのにも便利ですし、後から参加した人も複数のサイトを行ったり来たりする必要がなくなるので手間もかかりません。ウェブ上の情報を再編集するようなこの使い方は、専門誌を作るのに似ているかもしれません。

ネット上に溢れ変える情報をすべて一人でチェックするのには限界があります。複数人の手と目を使い情報を選別し、それを共有化する事で有益な情報のデータベースを作る事ができます。

◉ Evernoteを使ったライフハック研究

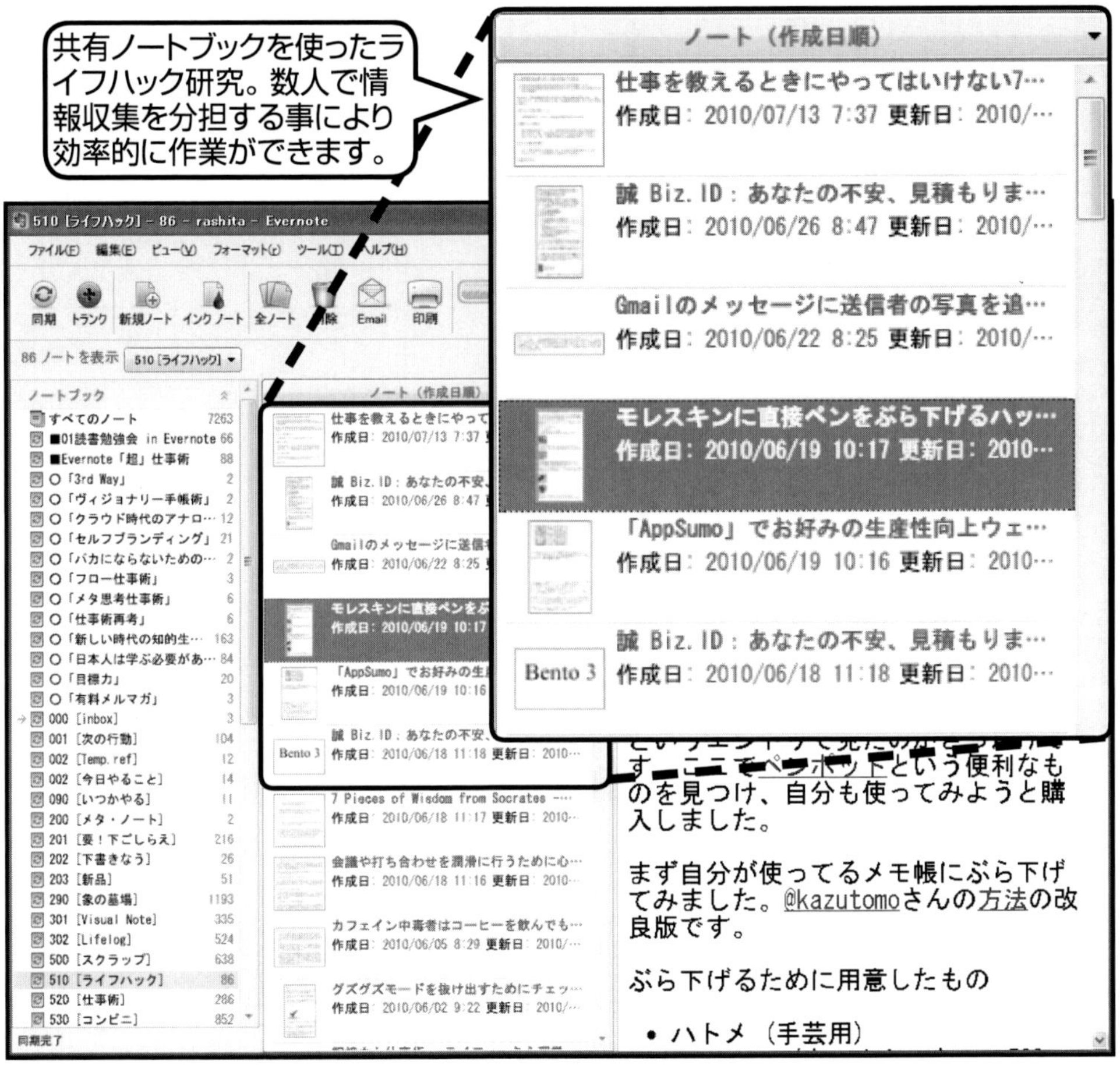

49

Evernoteが実現する真のロケーションフリー

Evernoteの共有ノートブックを使えば、住んでいる地域や作業する時間というものに縛られる事なく共同作業を行う事ができます。

中谷健一氏は「『どこでもオフィス』仕事術 ― 効率・集中・アイデアを生む『ノマドワーキング』実践法」(ダイヤモンド社)という本で「ロケーション」という言葉を使いビジネスパーソンの置かれている状況を説明しています。多くのビジネスパーソンは仕事の場所という物理的なロケーションと、自分の肩書きという所属先のロケーションに縛られて仕事をしています。**Evernote**は前者からの解放を促進するだけでなく、後者からの解放も手助けしてくれる存在です。

ロケーションに縛られない働き方、つまりロケーションフリーはノマドワーカーと呼ばれるビジネスパーソンの特徴の1つです。すべてのビジネスパーソンがノマドワークをする必要はありませんが、雇用が安定しない現代では「会社」の枠組み以外でも自らの力を発揮させる場を持つ重要性は高まっているでしょう。

そのために**Evernote**を活用してみてはいかがでしょうか。

Column

自動でノートを作る方法

基本的にノートの作成はクライアントソフトで新しいノートの作成を行うか、ウェブブラウザのクリッピング機能でページを取り込むか、メールを使ってノートを作るかの3つの方法があります。これらは手動で行う必要がありますが、自動でノートを作る方法もあります。

☑「フォルダの監視」機能を使う

これはWindows版の機能です。第2章でも紹介しました。特定のフォルダを指定しておけば、そのフォルダに作られたファイルをそのままノートにしてくれるという機能です。使い方としては、

◆スキャンしたファイルを入れるフォルダを指定する
◆ダウンロードしたファイルを入れるフォルダを指定する
◆作業ファイルを保存しておくフォルダを指定する

というものがあります。

☑フィード情報をメールで送る

ウェブ上のニュースサイトやブログの情報を継続的に取り込みたいという場合にはフィードを使うのが便利です。フィードは更新情報を発信していて、それをチェックすれば更新された最新の情報だけをチェックする事ができます。普通はRSSリーダーと呼ばれるビュアーで見るのですが、その情報を一端メールを経由させる事によって、自動的にEvernoteに取り込む事ができます。

こういったRSS情報をメールで送ってくれるウェブサービスはいくつかありますが、私は「メールピア」というサービスを使っています。

URL http://www.mailpia.jp/service/personal/top.html

サービスは無料であり、簡単な設定でフィードの情報をメールに転送する事ができます。お気に入りのブログなどをEvernoteに取り込んでおきたいという場合は、こういった方法も使えます。

APPENDIX

Evernoteの
スタートアップ

Evernoteを初めて使うときに

Evernoteのアカウントを取得する

Evernoteを利用するときにはアカウントを取得する必要があります。アカウントは**Evernote**の公式サイトで簡単に作る事ができます。

プレミアムアカウントの取得を考えられている方も、最初はフリーアカウントで取得し、その後プレミアムに移行するという手順を取る事になります。

プログラムのダウンロードとノート作成用メールアドレスの確認

アカウントを取ったらパソコンに**Evernote**のプログラムをダウンロードします。**iPhone**は**AppStore**より入手します。

また普通の携帯電話でノートを作成するのであれば、メール投稿用のアドレスを登録しておきましょう。

アカウントを取得するには

1 アカウント取得の開始

❶ [始めよう] をクリックします。

2 アカウント情報の入力

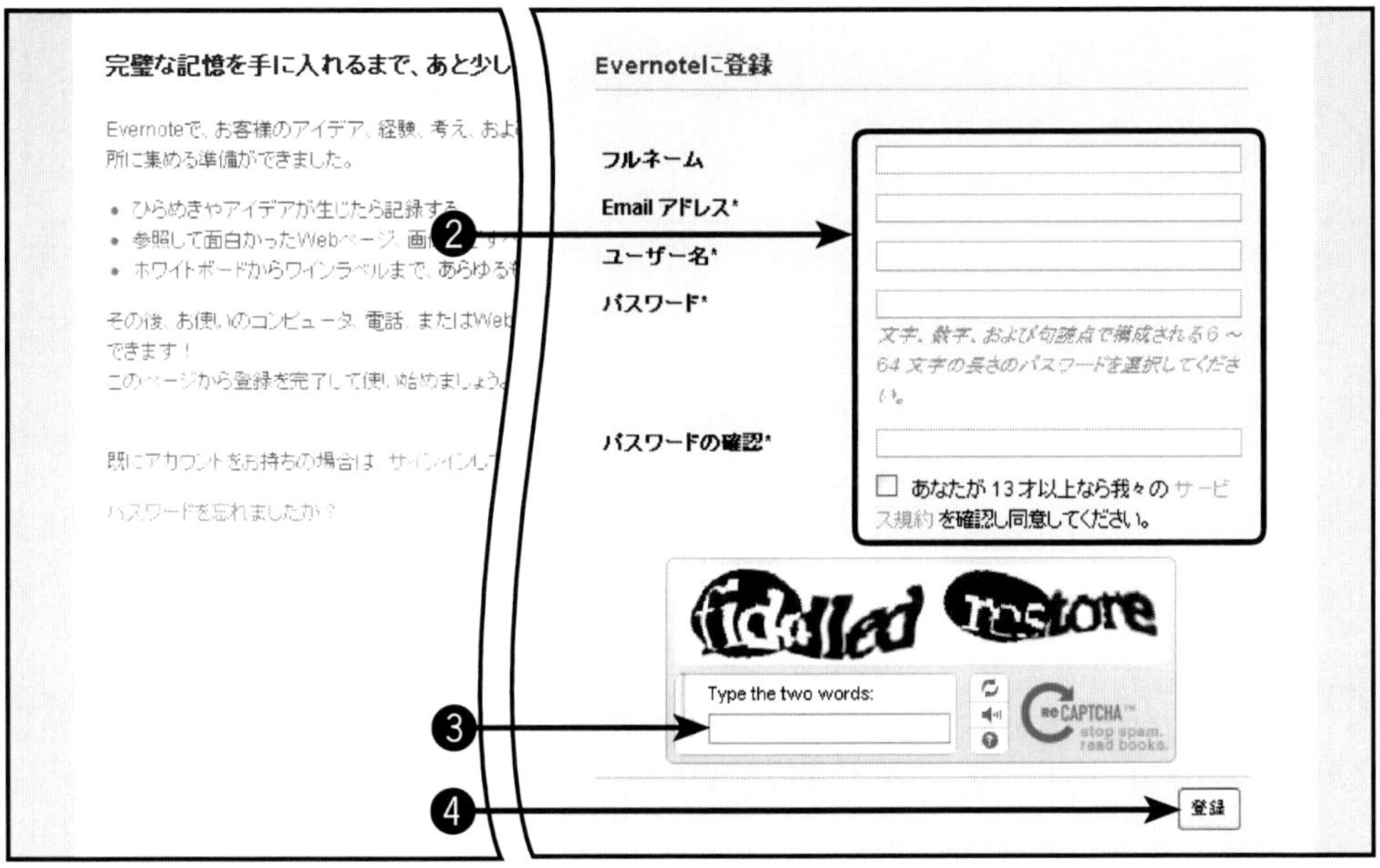

❷登録に必要な名前、メールアドレス、ユーザー名、パスワードを入力します。

❸上部に表示された認証用の文字を入力します。

❹[登録]ボタンをクリックすると、❷で指定したアドレスにメールが送られるので、そのメールを確認します。

3 アカウント登録の完了

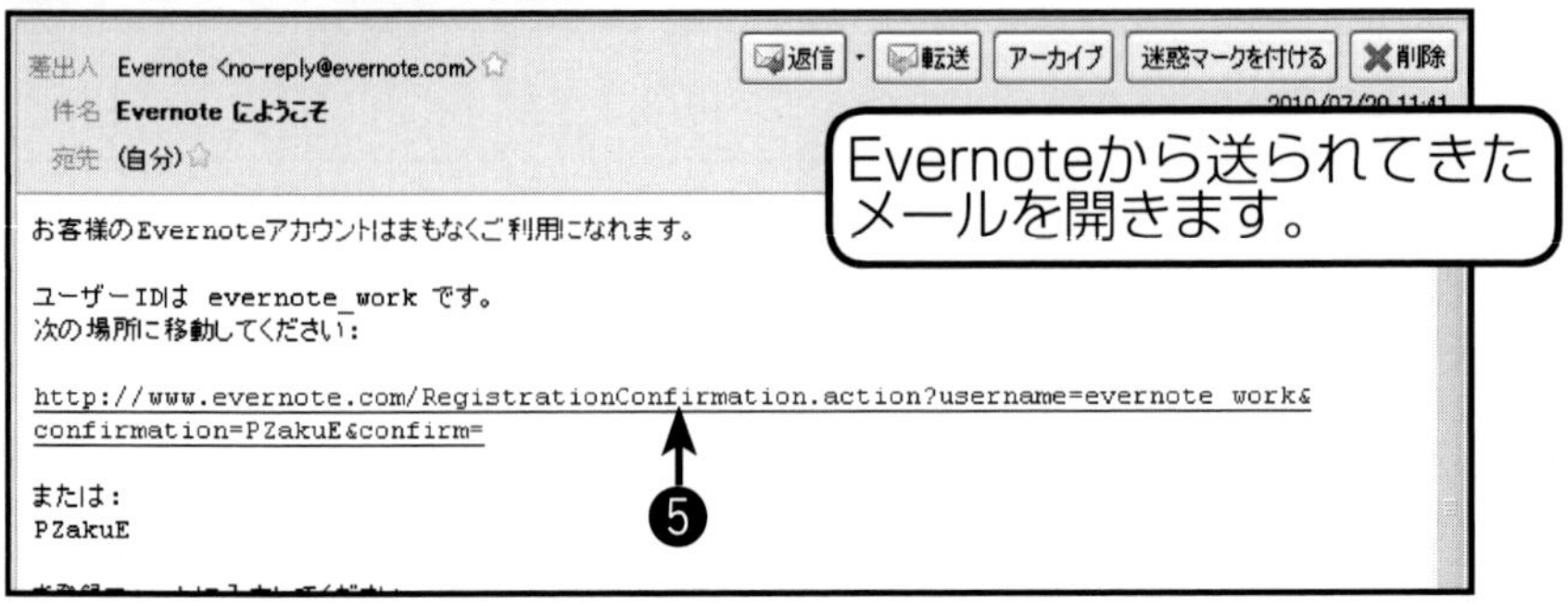

❺クリックするとアカウント登録が完了します。

ノート作成用のメールアドレスを確認するには

1 マイアカウントページへの移動

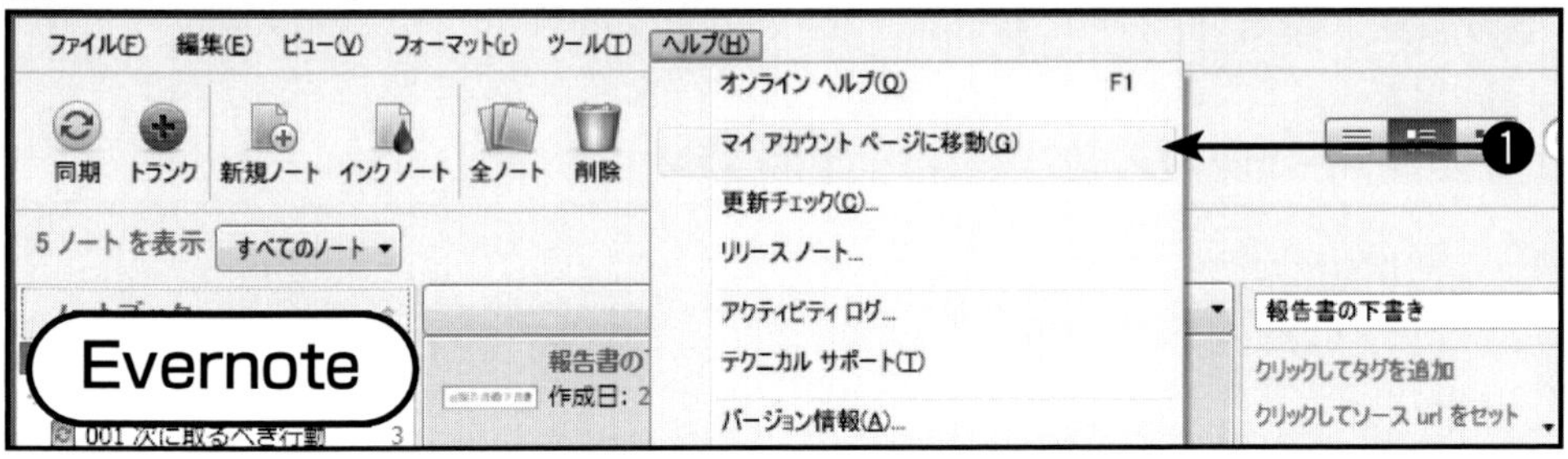

❶Evernoteの[ヘルプ]メニューから[マイアカウントページに移動]を選択すると、ウェブブラウザが起動します。

2 ノート作成用のメールドレスの確認

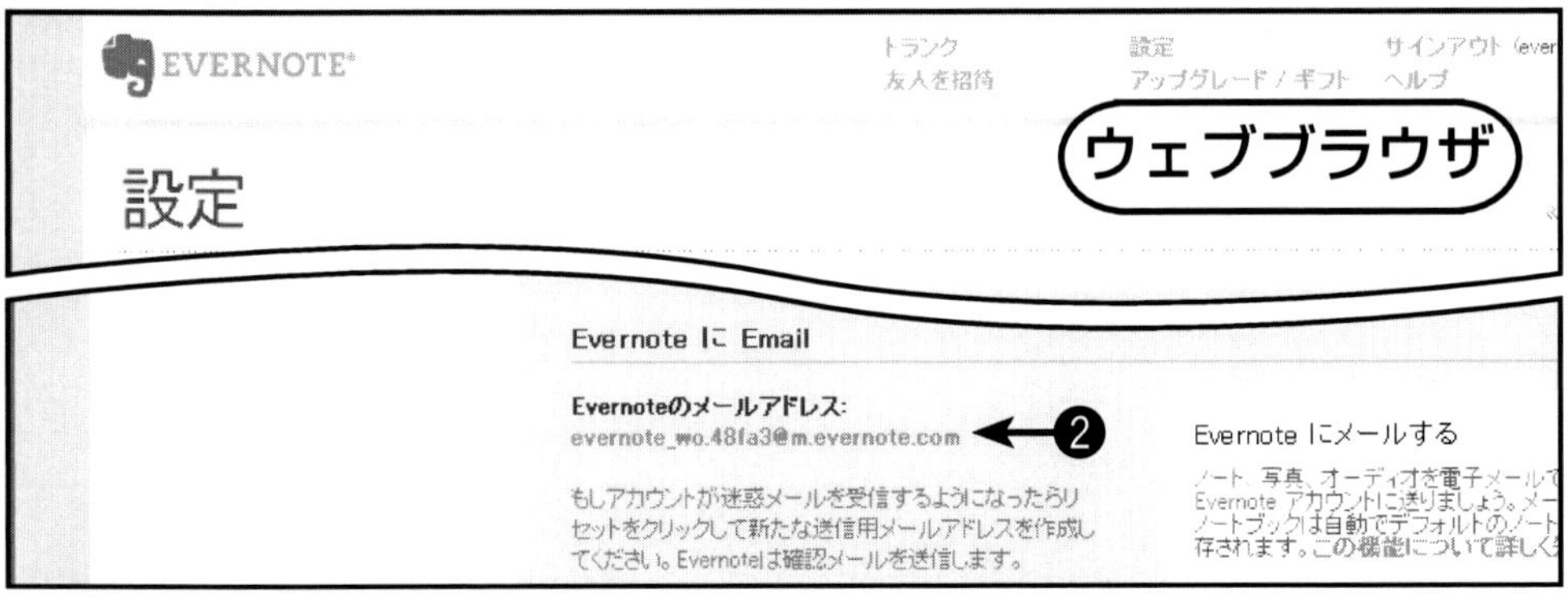

❷ウェブブラウザに「マイアカウントページ」が表示され、ノート作成用のメールアドレスを確認することができます。

プログラムを入手するには

1 ダウンロードページの表示

❶Evernoteのウェブページの[ダウンロード]をクリックします。

2 プログラムのダウンロード

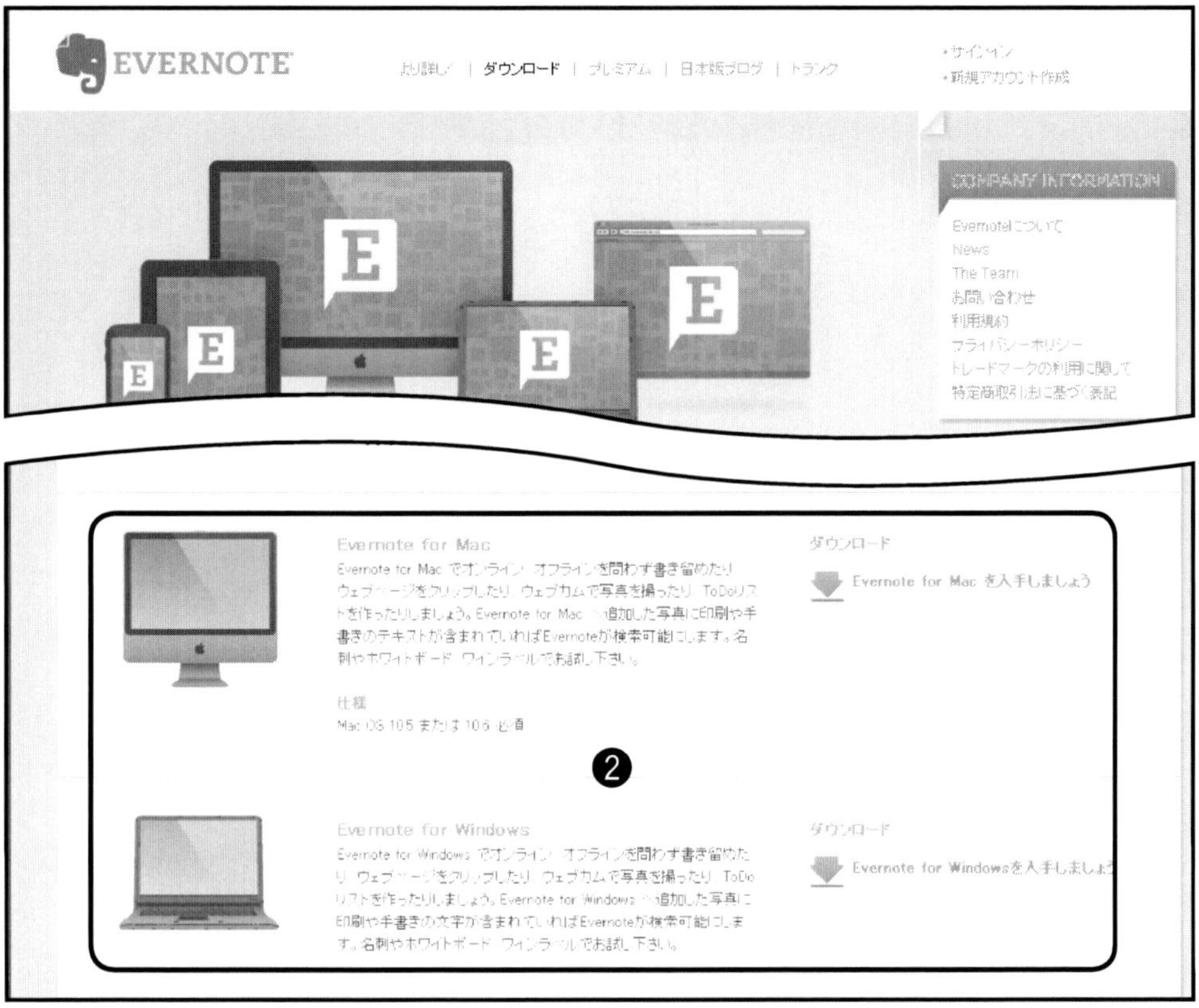

❷Evernoteの機種ごと、端末ごとのプログラムのダウンロードができます。使用している機種の[Evernote（機種名またはOS名）を入手しましょう]をクリックすると、ダウンロードが開始されます。

おわりに

本書では、「Evernoteを仕事で使う」をメインに紹介してきました。紙の書類や手帳だけで情報やアイデアを管理しても仕事はできると思います。しかし、最近は紙の書類もウェブの情報もあまりにも多すぎて、見るだけで活用できていない状況が生まれているのではないでしょうか。

アイデアが強く必要とされる社会の中では、今まで死蔵していた「情報」を最大限に使う必要があります。そして、それと同じくらい自分の脳も活用する必要があります。

どうすればそれが実現できるのかを中心にEvernoteの機能や使い方を紹介してきました。

私たちはさまざまな制約のもとで仕事をしています。物理的制約の中では情報が多くなればなるほど扱いに困るようになります。置き場所を取る、過去の情報が見つからない、整理に時間がかかる、すべて持ち運ぶ事ができない。

また、脳が受けている制約もあります。短期記憶の弱さ、長期記憶の不安定さ、判断の必要性、置いてある場所を探す、やるべき事が多すぎて何をすべきかわからない。気になって仕事に集中できない。こういった制約は目に見えない分、物理的な制約よりも注意を払う必要があります。

Evernoteを情報の保存先として使う事で、そのような制約から解き放たれます。これが「フリー」の感覚です。覚える事、記憶しておかなければならない事、そういった事柄を**Evernote**にアウトソーシングする事で、脳はその力を存分に発揮できるようになるはずです。これが**Evernote**が目指す「第2の脳」「補助脳」としての使われ方です。

高度な情報化社会の中では、情報をインプットするだけでなく、価値ある情報を生み出していく必要があります。負荷のかかった状態の脳ではそういった作業をスムーズに行う事は難しいでしょう。補助脳としてEvernoteを使う事で、負荷から解放され価値のある情報を生み出す―「負荷から付加への転換」―がこれからのビジネスパーソンに必要な事ではないでしょうか。

最後になりましたが、筆の遅い私を最後までフォローしていただいたＣ＆Ｒ研究所の三浦聡様には頭が上がりません。また、Ｃ＆Ｒ研究所代表取締役の池田武人様にはこの本を書くという貴重な場を与えていただきました。

この本を書く上で協力してくださったすべての皆様、TwitterやブログをつうじてEvernoteに関する貴重な情報を交換してくださった皆様、そして一日中パソコンに向かい合っている私を文句１つ言わずに支えてくれた妻に感謝の気持ちを述べて終わりにしたいと思います。

２０１０年７月

倉下忠憲

●参考文献

『知的生産の技術』梅棹忠夫（著）（岩波書店）
『「超」整理法ー情報検索と発想の新システム』野口悠紀雄（著）（中央公論社）
『初めてのＧＴＤ　ストレスフリーの整理術』デビッド・アレン（著）田口元（監修）（二見書房）
『野村総合研究所はこうして紙を無くした！』野村総合研究所ノンペーパー推進委員会（著）（アスキー・メディアワークス）
『「どこでもオフィス」仕事術ー効率・集中・アイデアを生む「ノマドワーキング」実践法』中谷健一（著）（ダイヤモンド社）
『**Evernote**ハンドブックーいつでも、どこでも使える「第２の脳」徹底活用法』（電子書籍）堀正岳　佐々木正悟　大橋悦夫（著）　**URL http://evernotebook.com/**

■著者紹介

倉下《くらした》　忠憲《ただのり》　1980年、京都生まれ。ブログ「R-style」「コンビニブログ」主宰。24時間仕事が動き続けているコンビニ業界で働きながら、マネジメントや効率よい仕事のやり方・時間管理・タスク管理についての研究を実地的に進める。現在はブログや有料メルマガを運営するフリーランスのライター兼コンビニアドバイザー。

●ブログ「R-style」
http://rashita.net/blog/
●ブログ「コンビニブログ」
http://rashita.jugem.jp/

■本書について

●本書に記述されている製品名は、一般に各メーカーの商標または登録商標です。なお、本書では™、©、®は割愛しています。
●本書は2010年7月現在の情報で記述されています。
●本書は著者・編集者が実際に操作した結果を慎重に検討し、著述・編集しています。ただし、本書の記述内容に関わる運用結果にまつわるあらゆる損害・障害につきましては、責任を負いませんのであらかじめご了承ください。

編集担当：吉成明久 / カバーデザイン：秋田勘助（オフィス・エドモント）

目にやさしい大活字
EVERNOTE「超」仕事術

2015年1月9日　　初版発行

著　者　倉下忠憲
発行者　池田武人
発行所　株式会社　シーアンドアール研究所
本　社　新潟県新潟市北区西名目所 4083-6（〒950-3122）
電話　025-259-4293　FAX　025-258-2801

ISBN978-4-86354-765-0 C3055